前　言

本书的目的有两个。第一个目的是打造一本类似教科书的书籍，介绍使用带根植物的全新植物装饰方法。我的上一本书《花草荟：青木式混栽技法入门》是以我的聚集式混栽技法的总体情况和技巧解说为中心来写的，在本书中，我会着重对作为素材的植物，以及作为作品核心的"花束"的制作方法等基础内容来做详细的解说。根据具体内容，也会尽可能讲解制作方法的思路。

第二个目的是倡议"不使用土壤的园艺"。在本书中除了几个个别的例子之外，所有的作品都是用以椰子壳为原料制作的"椰土"来打造的。培育植物的土和装饰植物的土不需要非得一样。有很多人会觉得园艺用土很重、扔的时候不好处理，而"椰土"则很好地解决了这个问题。

自上一本书出版之后，大家把这种混栽技法称为"如同插花一般的混栽"、使用带根植物的"花艺装饰方法"等，相关的讨论话题也有所增加。聚集式混栽和一般的园艺技法不同，它以作为基本构成元素的带根花束为基础，可以用在各种创作中，这正是聚集式混栽的有趣之处。通过大量接触活着的植物的花和根，可以获得和植物的一体感，让自己的情绪高涨起来。作品在种好之后就能呈现出美丽的姿态，不需要等上好几个月才能看到花开。聚集式混栽可以使用很少能在切花花艺中看到的纤细小花，和美观的绿叶植物组合、叠加、搭配，表现各种各样的情绪，供长期观赏，以此发现更多植物造型的可能性。

聚集式混栽是使用植物来表达主题的方法，我们使用的花朵和绿植幼苗，就相当于画家的颜料。如果没有能够培育强壮幼苗的人（育苗者，植物幼苗生产者）在，那我们的作品就无法产生。和生产者一起琢磨，能够获得更多的可能性。我希望学习聚集式混栽方法的人不仅仅要看重技术，还要重视生产者和聚集式混栽创作者之间的紧密交流和联系。聚集式混栽在日本诞生，将人和植物连接在一起。我希望能将这种植物的全新展现形式推广到全世界。

青木园艺工房　青木英郎

〖 逐步讲解 〗 本书的使用方法

本书除了介绍"不使用土壤""小花束的制作方法""种植花束""台阶式种植"的具体技巧之外，还会分别介绍工具、材料、幼苗的选择方法和养护等。在这里，我整理了从开始尝试聚集式混栽直到完成的各个步骤，并进行了图表化。大家可以查看自己想要了解的内容。

想法和计划

想要在什么地方装饰什么样的花？想要尝试聚集式混栽。
首先，要考虑把花朵装饰在什么样的地方。玄关、阳台、墙面……
想象花朵的颜色和大小，然后制订计划。

→ 处于这个阶段的人请查阅
第1章（第8页）

工具和材料

要准备什么样的工具和材料呢？
器皿的大小、台座要怎么选择呢？有悬挂花环等的工具吗？
所需的工具和材料已经备齐了吗？

→ 想要了解工具的人请查阅
第2章（第22页）

要在什么地方制作？

要在什么地方制作聚集式混栽呢？

→ 想要了解需要什么环境的人请查阅
第3章（第38页）

→ 了解可以在什么地方制作，
请查阅第33页

青木式混栽入门私享课

[日]青木英郎 著

韩彦青 译

机械工业出版社
CHINA MACHINE PRESS

步骤 4 容器和花卉的选择

首先到花店、园艺店去看看吧。

→ 决定好就立刻行动，请查阅第 3 章（第 38 页）

步骤 5 制作小花束

聚集式混栽的基本技巧。

1　拆散土球，用水苔缠绕根部。

2　制作小花束。

→ 想要了解小花束制作方法，请查阅第 3 章（第 50 页）

步骤 6 种植

要怎么种植小花束呢？
样式繁多的聚集式混栽。

→ 想要了解不同样式的种植方法，请查阅第 4 章（第 52 页）

※ 不同样式的制作方法，花环（第 60 页）、花盆（第 68 页）、带根花束（第 92 页）、壁挂花篮（第 104 页）

步骤 7 完成！装饰吧

聚集式混栽完成后，要怎么装饰、维护呢？

→ 了解完成后的管理方法等，请查阅第 120 页

目 录

Contents

Chapter

第 1 章

关于聚集式混栽

　　聚集式混栽是使用幼苗和花盆，像插花那样自由组合，
进行搭配的一种园艺技法，是比普通混栽更加高级的混栽方法。

何谓"聚集式混栽"

使用带根的植物像插花那样自由地搭配

将植物像花束那样组合种植
即如同"切花搭配"般的混栽

青木式混栽（聚集式混栽）是使用多种带根植物，像制作花束似的对植物进行搭配组合来种植，是一种全新的植物装饰技法。种植好之后即打造成豪华、鲜艳的装饰作品，不需要再花费好几个月等待植物长大，而且

随着时间的流逝，作品还能呈现出新的表情。

像这样，我们通过聚集式混栽能够享受到像插花一样的乐趣，而且能打造出可供长期观赏的作品，还可以装饰在切花所不能装饰的环境，也不需要费劲维护。

以代替土壤的自然素材"种植带根花束"
崭新的植物装饰技法

通常在介绍聚集式混栽时，我会说这是一种使用花苗的混栽技法。不过希望读者在阅读本书时，可以拉远视角，站在"植物装饰"的角度来思考。因为聚集式混栽也可以应对除"混栽"之外的领域，比如花束（如手捧花）

等。植物从容器中获得自由。

聚集式混栽之所以会被认为是混栽的一种形式，那是因为所使用的"带根的植物素材"，都是用于花坛种植的花苗。如果能够获取更加多样的植物素材，那么聚集式混栽

花艺和聚集式混栽的共同点及差异

对比项	花艺	聚集式混栽
使用素材	切花	幼苗（花苗、绿植）
事前准备	让花枝充分吸水	缩小土球 （制作花束的话，把土壤洗掉）
装置（花托等）	花泥、剑山等	"椰土"、培养土
技术	剪掉茎部，一枝一枝插制	不需要剪掉茎部，制成花束插制
容器	花器	花盆、花器（底部有洞或无洞）
作品类型	圆弧形花艺等 花束	台阶式混栽 带根花束
表现类型	装饰性组合、分组、植被性、块状等	细致缜密的装饰性组合、分组、植被性、块状等
可装饰期间	短期	长期

从种植之后就散发华丽
魅力的聚集式混栽

右上图 / 枯萎了半年
以上但无人察觉的塑
料壁挂植物

右下图 / 花盆中可以
从秋天欣赏到冬天的
植物，等待"美丽的
绽放"

所能呈现的世界也会更加广阔。至今为止，切花装饰和盆栽装饰一直被认为是两种不同的东西，但二者都因聚集式混栽模糊了界限，开始融合。

虽然聚集式混栽有很多体现细微的技术性特征的技法，不过这里只列举"花束种植""插花法""台阶式技法"这 3 种技法。

"花束种植"是将植物素材组合成束，然后再种植。在世界上的切花装饰历史中，绑花束的工作已经有几千年的历史，有些国家人们使用"扎花的人（Blumenbinderin）"这个词汇来指代花店。另外，把花束装在花瓶中摆放在桌面上装饰的历史也很悠久了。"花束种植"是用手轻柔地将植物组合，具有能够实现细致表现的操作性，如果有根须量少的植物，还可以和其他植物相互支撑。

"插花法"是提前把土放入容器之后，再将花插在上面的技术，这和以往的园艺技法刚好相反。它类似于花艺装饰中，在容器里放入花泥，然后把花插入的技法。这个方法既能够在作业时保持清洁，还可以让根部集中在土中，促进植物的早期生长。

"台阶式技法"是利用植物的土球，像是堆砌石墙一样将植物作为"砖"材料来使用的一种独特技术。就算手边只有比较矮的植物，也可以通过这种技术打造出饱满丰盈的作品。具体的内容和制作方法可以参考相应章节的介绍。

这里是重点！▶

聚集式混栽的基本技法是"花束种植""插花法""台阶式技法"。

1. 将带根的植物组成花束，作为一个基本单位。
2. 事先在容器里铺好椰子壳素材（椰土）作为培养基质。
3. 装满小花束，让较矮的植物活下去。

"美丽的"植物装饰提升空间质量和价值

首先要考虑的是要装饰在什么地方，且重点是要思考"想要让别人从哪里能看到"。聚集式混栽是让植物保留根部，然后像切花那样来搭配。不使用土壤，而是用"椰土"作为培养基质来进行种植，所以重量很轻。如果我们从传统的栽培这个角度稍微脱离，那么就会发现可布置的场所范围能够扩大很多。在不影响植物生长的短期内，聚集式混栽可以装饰在切花可装饰的所有场所，还可以放在没办法长时间装饰切花的室外。如果是适宜生长的环境，那么可装饰的时间远远比切花要长。这些都可以事先考虑充分后再进行准备。

为点缀庭院的景观，植物盆栽会放在比较重点的位置，起到连接建筑物和庭院的作用。另外也会装饰在窗边或露台这种没办法将植物种植在土地里的地方。一般我们会选择一些离远看也会非常美丽的植物来种植。因此，进行组合时选择植被相似的植物，这样作品呈现出来的颜色也能更明确地体现出来。聚集式混栽是站在观赏人的视角和距离来设计和考虑作品的呈现的，所以会比以往的园艺装饰给人一种距离更近的印象。比起从住宅的露台眺望庭院，或是从街道眺望窗边的花箱，聚集式混栽追求的是从更近的地方观赏作品。当观赏者站在远处时，会被作品的颜色和形状所吸引，当他走到近处时，会被作品中交织在一起的多彩花朵和绿植呈现出的和谐感所治愈，留下更深的印象。这种细微的表现则是聚集式混栽的独有特色。即使不用大量的花盆，只需要一盆放在台座上的大型混栽作品，就能将这个空间的品质提升。即使是作为个人兴趣也好，我希望人们能在更多公共场合用美丽的植物来装点空间。但很遗憾，目前来说这些事情都做得还不够到位。我希望至少在商业设施中，不要用假花，而是更多地使用漂亮的鲜活植物来装饰。一年四季都有生产者在培育植物，我们可以使用聚集式混栽的方式，让这些植物散发更多魅力，不需要苦苦等上几个月之后才得见花开。

聚集式混栽的优点是流程的系统性
以及完成后的建筑型结构

聚集式混栽是不使用土壤的一种种植方法，以自然素材培养基质作为中心来种植植物。之所以这样做的理由有3点。

第一点是轻。有很多人都因为花盆和土壤太重而对园艺敬而远之。随着年龄的增长，喜欢植物的人也会渐渐因为这一点而变得吃力。因此，他们开始寻找重量轻的培养土来使用。最终，就找到了这种椰子壳。

第二点是握住植物的力量。在进行"花束种植"时，只要轻轻地插进去就可以种好。

第三点是在扔掉时可以作为可燃物来废弃。

聚集式混栽是非常纤细且复杂的美的表现。它在制作上并不困难。使用"花束种植"这种技术表现植物的方法是将多株花朵和绿植的幼苗组成"小花束"，作为基本构成单位种植在容器中。这种小花束也可以单独使用，或者作为成品直接栽种在容器中。这是一种十分系统的造型方法，习惯了准备工作后，就能很快做出造型优美的作品了。因为并不是单纯把植物满满地堆在一起，所以能够让花卉更好地生长，这也是它的优点之一。

聚集式混栽使用大量植物呈现丰富的表现

首次体验聚集式混栽的人都会被所使用的植物的量吓到。聚集式混栽所需要的植物幼苗的数量有时甚至会比通常的方法多3倍左右。制作聚集式混栽作品的人都会很重视植物的生产者。因为聚集式混栽必须要使用新鲜且优质的幼苗，所以要积极地和生产者合作，这点很重要。我们一年四季都在自由自在地使用植物，之所以能够带来各式各样风格不同的作品，都是得益于有幼苗生产产业这个大前提。和作为兴趣的花卉种植不同，幼苗生产产业会对同一种植物进行大量培育，并拥有相应的设施和技术。如果这些大量培

育出来的花卉没有被大量的人用到，又将怎样呢？ 1980年之后，切花业界的花材流通量一下子大量增长，也正是在这个时期，流行起了欧式设计的热潮。这是一种需要用到大量花卉种类和数量的手法，因此带动起了整个产业的成长。那盆栽业界又是如何呢？除了造园领域和以室外为舞台的园艺热潮之外，有其他能用到大量花苗的活动吗？

并不仅仅是作品的风格和技术，如果生产者的努力得到正确的评价，我们也能使用他们的丰硕成果来完善作品。对这层关系的重视，就是聚集式混栽的核心。

"花束种植"和"插花法"

利用聚集式混栽的方法，可以实现盆栽或是像花艺那样使用幼苗的创作。

像把切花插在花泥上的花艺一样，我们可以把小花束插在培养土上。通过插种方式，植物被容器和培养土稳固地固定住，这样可以让土球和花盆中的土紧密贴合，有助于根的成活。之后也不需要再添加土壤或者是用木棒戳实，整个作业都能在很清洁的状态下进行，基本不会弄脏容器和桌子。

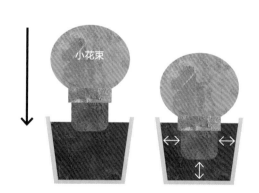

像插花那样插种盆花

"台阶式技法"——用植物制作"石墙"

"台阶式技法"如同用植物堆砌图中的建筑结构

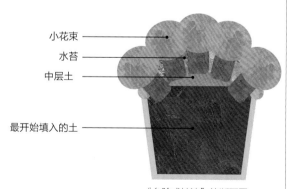

小花束
水苔
中层土
最开始填入的土

"台阶式技法"的断面图

聚集式混栽的风格和作品示例

通过作为基础单元的小花束的多样组合呈现不同的风格

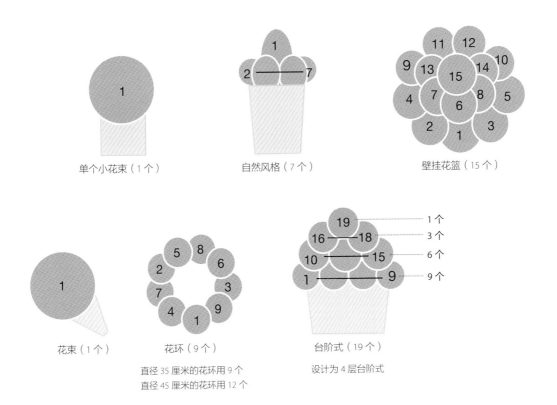

单个小花束（1个）

自然风格（7个）

壁挂花篮（15个）

花束（1个）

花环（9个）

直径35厘米的花环用9个
直径45厘米的花环用12个

台阶式（19个）

设计为4层台阶式

1个
3个
6个
9个

从一首旋律中诞生的交响乐

聚集式混栽造型方法的特征，是将植物作为素材制成小花束，成为一个基础单元，然后再将这些基础单元进行搭配组合，呈现多样的表现。例如，就像是从一首主旋律音乐中诞生出交响乐一般的多重音色，和各种各样的副旋律搭配在一起，加入些变化，让整体更加和谐。

单个小花束（1个）　　自然风格（7个）　　壁挂花篮（15个）　　5层台阶（30个）

直径45厘米的花环（12个）

带根花束　　带根花束

带框架的带根花束　　带根花串

聚集式混栽花坛

多肉聚集式混栽　　多肉球形花篮

筑山御苔　　带根植物展台

来看看聚集式混栽的作品吧

容器可以自由选择。左页图中是使用樱花古木制的容器，搭配三色堇（小花品种）的一盆混栽。在阳光下等待春天到来的小花，充满风情，不禁会让人用温暖的视线守护着它们。

下图中是使用了一种长方形容器打造的作品，混栽了许多绿植和马蹄莲，多到要溢出来一般。我们不需要太刻意追求整体都弄得整整齐齐的，为了更加凸显马蹄莲，可以把它们安排在更高的位置上。就算到了花谢的时期，仅靠容器的存在感和绿植也可以让人赏心悦目。

右侧图中是选择了同属紫红色色调的植物打造的作品，如同插花作品一般华丽，十分吸引人。和使用切花打造的插花作品不同，它可以摆放在玄关等室外迎接来客，还可以保持更长的时间。每一件聚集式混栽作品，都是用植物编织成的一幅画。从远处就能被它的外形所吸引，靠近观赏，更能体会到花朵和绿叶交织在一起所呈现的细腻丰富的变化。

〖 使用花材 〗

左页图 /
三色堇（小花品种）、葡枝白珠（*Gaultheria procumbens*）、羽衣甘蓝、鸡脚参（*Orthosiphon*）、撒尔维亚（*Salvia officinalis*）、匙叶秋叶果（*Corokia cotoneaster*）、大果越橘（*Vaccinium macrocarpon*）、矾根（*Heuchera micrantha*）、芒刺果（*Acaena*）、苔草、樱花树干

左图 /
马蹄莲（*Zantedeschia*）、福禄考（*Phlox*）、蔓长春花（*Vinca major*）、常春藤、龙血树（*Dracaena*）、骨子菊（*Osteospermum*）

上图 /
康乃馨、龙面花（*Nemesia*）、小丽花（大丽花杂交品种）、矮牵牛（*Petunia hybrida*）、珍珠菜"流星（Shooting Star）"、金鱼草"青铜龙"（*Antirrhinum majus* 'Bronze Dragon'）、波叶天竺葵（*Pelargonium crispum*）

〖 使用花材 〗

拉奈系列马鞭草"青柠绿（Lime Green）"、矮牵牛、硬毛百脉根（*Dorycnium hirsutus*）、宽叶百里香"福克斯利"（*Thymus pulegioides* 'Foxley'）、常春藤"雪花"、骨子菊"宁静桃红魔法（Serenity Peach Magic）"、舞春花"超级铃铛·橙色之吻（Superbells Orange Kiss）"

　　植物真的是拥有多彩的魅力。不仅仅是花朵，叶子的颜色、形状、质感也能让植物展现出各种丰富的表情。各种植物所具有的魅力组合在一起，于是发挥出了更加美妙的效果。如果仅仅把它们一个个单独养在花盆里就太过浪费了。观叶植物不只是叶子漂亮，它们还很强壮。聚集式混栽让室内装饰的领域扩展得更广。

使用大型容器

　　我们的生活环境中，明亮通透的空间在逐渐增加。在拥有较大空间的出口处，推荐使用大型观叶植物打造的混栽作品。这比之使用切花打造的插花作品有着别样的魅力和优势。

〖 使用花材 〗

斑叶的菜豆树（*Radermachera sinica* ）、红叶的麻兰（*Phormium* ）、斑叶的金丝桃（*Hypericum monogynum* ）、斑叶的白鹤芋（*Spathiphyllum* ）、山菅（*Dianella* ）、金鱼草、常春藤、吊兰、肾蕨（*Nephrolepis cordifolia* ）

活着的花束 "带根花束"

　　"带根花束"多以观叶植物为中心来制作。不过也可以使用各种草花，营造成用切花捆绑花束一样的感觉。希望大家能够抛开固有概念，尝试使用各种花材来制作。

　　蝴蝶兰虽然一般都是在庆祝的时候作为礼物赠送的，不过植物并不是只有一种用途，这样太过浪费了。通过聚集式混栽，尝试将它和其他的植物搭配，或者是像右图这件作品一样做成带根花束，都能发现更多的可能性。下图1这件作品实际是用在婚礼上的，是搭配了切花的混栽作品。使用聚集式混栽水苔维持水分，像自然系捧花一样，在使用之前先浸在水中。（摄影 / 白久雄一）

〖 使用花材 〗

1 /
斑叶的天竺葵、糖藤（Sugar Vine）、大戟
（*Euphorbia*）、翠雀（*Delphinium*，切花）

2 /
蝴蝶兰、斑叶的白鹤芋、菱叶白粉藤"埃伦·达尼卡"（*Cissus rhombifolia* 'Ellen Danica'）、芒（*Miscanthus*）、天门冬（*Asparagus*）

3 /
矮牵牛"卡布奇诺（Cappuccino）"、金鱼草"青铜龙"、澳洲狐尾苋"乔伊"（*Ptilotus exaltatus* 'Joey'）、大戟属的白雪木（*Euphorbia leucocephala*）、绿萝、芒、亚洲络石"初雪"（*Trachelospermum asiaticum* 'Hatsuyukikazura'）、蟆叶秋海棠（Rex Begonia）

2

3

1

Chapter **2**
第 章

需要准备的工具和材料

要如何准备工具和材料呢？容器的大小和台座要怎么选择呢？

为了更加有效率地打造混栽作品，需要备好必要的工具。

工具和材料

必要的工具和材料，及其使用方法

使用独特手法的聚集式混栽所必备的工具和材料有：纤维较长的水苔（以及用化学纤维制成的混栽用水苔）、转盘、剪刀、能够装废土和育苗盆的大型托盘、水桶等。除此之外，如果有罩布和手套、铁丝、镊子、铲子、喷壶等一般的园艺用品会更加方便。准备好这些就能在清洁的状态下进行作业了。

土主要使用的是以天然椰子壳为原料的"椰土"。这是为了在制作时不使用土壤，或者减少使用土壤的量。虽然基本不使用肥料，不过必要时可以使用液体肥料。

聚集式混栽的基本工具

大型托盘和两个水桶，转盘，AAAA 级品质的干燥水苔，聚集式混栽水苔（有保水功效的化学纤维毛线），培养土。

花器（照片上是网木纹花器）

白色水桶和大型托盘（装水苔和水）

转盘

干燥的水苔（AAAA 级）

聚集式混栽水苔（化学纤维毛线）

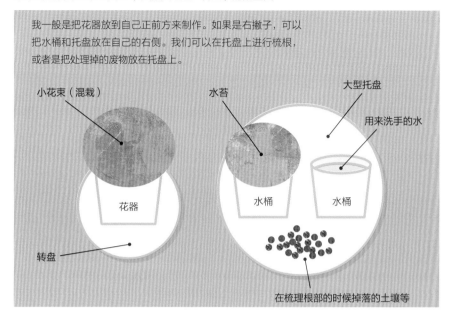

聚集式混栽的基本工具组（水桶和托盘、转盘）的配置图

我一般是把花器放到自己正前方来制作。如果是右撇子，可以把水桶和托盘放在自己的右侧。我们可以在托盘上进行梳根，或者是把处理掉的废物放在托盘上。

小花束（混栽）

水苔

大型托盘

用来洗手的水

花器

水桶

水桶

转盘

在梳理根部的时候掉落的土壤等

干燥水苔

这是作为聚集式混栽核心的重要素材。这种水苔富含水分，干燥后能够储存大量的空气，是一种天然材料。一般是用来包裹小花束根部，帮助根部保持水分的。表示规格的 A 越多，代表水苔越长。

聚集式混栽水苔

这是一种使用100%亚克力材料制成的化学纤维毛线。因为纤维比较丰富，所以可以有效保水，还方便捆绑。这种水苔的颜色很丰富，纤维有长、短两种规格，是制作带根花束的必备素材。

大型托盘

进行作业时，难免会从大量花苗上掉落土壤，弄脏桌子或地板。不过所有作业都在托盘上进行的话就可以避免这种事情发生。只要是重量轻、结实的大型托盘都可以拿来使用，我比较推荐使用23号（直径约60厘米，深约15厘米）的白色深器皿。因为这种托盘

有些深度，在制作花环时可以把花环浸在水里，十分方便。

2个水桶（推荐用白色的）

聚集式混栽中使用2个一套的水桶，放在大型托盘中使用。一个是用来放水苔的，另外一个只装水。用装在水桶中的水来洗沾了土壤的手，用干净的手来触碰植物和花器。在制作带根花束的时候，也需要用水来彻底清洗植物的根部。左页照片中是 nitori 公司的白桶。

转盘

多用在使用大型花盆和容器时，另外用到的幼苗数量也会很多，所以整体都会很沉。这个时候如果能有个转盘，就可以自由地旋转作品，在推进作品制作时不会太费力。虽然没有也是可以的，但作业效率和作业时的心情会差很多（左页照片中是向厂商特别定制的人造石板转盘，是青木式原创）。

搬运工具组

把工具收纳在一起，用一辆推车就可以搬运。

剪刀（图1）

在剪掉不需要的枝叶，或者是整理幼苗姿态、让果实和花能看上去状态更好时使用，另外在剪开土球的时候也会用到。使用工具能够大大提高制作效率，还能保持清洁，这是很重要的一点（照片中为日本新潟县燕三条的厂家生产的剪刀）。

盆底网垫（图2）

我们不使用"盆地铺石"。取而代之，我们会铺上盆底网垫，然后直接填入用土。盆底铺石的作用是为了能够很好地排水，但是如果排水效果太好的话，就会造成肥料成分容易流失，也会更容易干燥，所以聚集式混栽中是不用的。另一方面，选择大型容器，减少浇水的次数也是能够更好地享受园艺的小窍门。容器底部的洞口如果很大的话，就铺上盆底网垫，这样也利于空气流通，促进植物根部的生长。

长镊子，带刮板的镊子（图3）

在制作需要细微作业的多肉植物作品时，用镊子会更加方便。在往较深的玻璃容器中种植植物时，就必须要用到长镊子了。带刮板的镊子在压平土面时就派上用场了。除了

一般的培养土，在弄平化土土的时候也能大显身手。

植物活力剂、液体肥料（图4）

植物活力剂含有促进植物生根的成分，可以让水苔充分吸收后产生作用。在水桶的水里放入适量植物活力剂，待溶解后使用。市面上流通的花苗、观叶植物的培养土中已经施加了基肥，因此，在制作聚集式混栽作品时就算不施肥也没关系。倒不如说聚集式混栽更有点抑制植物生长的倾向，因为这样才能让完成后的作品更持久地呈现美丽姿态。不过，对于很多能够长期开花的植物来说，施加一些促进开花的液体肥料也是很有效果的。针对观叶植物，就适量施加一些有助于生长的液体肥料，在浇水的时候施加也是可以的。这是关于肥料的基本思想。

铲土杯（图5）

在聚集式混栽中，制作"台阶式"的作品时，会中途添加土（椰子壳素材）。和以往的园艺种植方法不同的是，这并不是给幼苗添土，而是在土中插制幼苗，所以没有晃盆，或是用木棒戳实土面的步骤。如果能准备一个小小的铲子，就能有效地避免桌面和容器

被弄脏，操作起来也能更加方便。

培养土（前页图6）

关于培养土的详细内容可以参阅第30~33页。聚集式混栽主要使用的是以椰子壳素材为原料的"椰土"（我使用的是fujick公司的产品）。椰土可以促进植物的生长，既轻又干净，在丢弃的时候可以作为可燃物废弃。除了椰土之外，以蓬松柔软的黑土为主的培养土也是十分推荐的。在制作"筑山御苔"风格的作品时使用"化土土"（以腐烂后的水生植物为主体的园艺用土），利用这种培养土的可塑性及保持力能够进行造型。

带根花束专用台架（前页图7）

制作完带根花束要怎么装饰呢？虽然可以使用有重量的花器，把茎部放入其中像切花那样装饰，不过还有一个选择，那就是使用带根花束专用的台架。这种台架可以容纳带根花束比较粗的手握之处的部分，是比较大的环形。

其他

如果有装饰花环和壁挂花篮的挂钩或台架的话会更加方便。花卉设计中使用的钢丝可以很好地把藤蔓类植物固定在自己想要的位置上。

水苔和聚集式混栽水苔

干燥的水苔（图1、图2）

为了给小花束的根部保水，我们会在小花束的根部包裹上水苔。最好选择每根纤维都很

长的高品质水苔，如果纤维太短的话，就需要一点一点地添加，这样会比较费劲。因此，希望大家尽量使用AAAA级的水苔。如果实在不好买到，那么也可以使用AAA级水苔配合具有保水效果的化学纤维毛线（聚集式混栽水苔）。从包装中取出干燥的水苔时，可以先让它们充分吸收水分，这样会比较容易取出。

聚集式混栽用水苔（图3、图4）

这是使用100%亚克力素材制成的不会腐烂的化学纤维毛线。因为纤维是像绒毛一样竖起来的，所以缠绕起来很容易就能固定住。纤维和纤维之间可以储存大量水分，因此保水效果也很好，使用范围也很广。作业时可以简单地用手扯断。聚集式混栽用水苔有多种颜色和材质供选择。在缠绕基础的小花束时，为带根花束手握部分保水时，作为多肉植物聚集式混栽中的装饰，抑或者是装在玻璃花器中作为装饰时，都可以使用。与和纸素材"艺术水苔"的功能是完全不一样的，需要注意。

TIPS
小知识

因为干燥的水苔被很大程度地压缩了，所以为了不让长长的纤维断掉，在打开包装后一边用水湿润一边一点点取出。

容器和框架

容器是设计的重要元素

市面上有很多价格便宜的容器，不知大家是否仅仅以"价格比较便宜""样子好看"等理由来选择容器呢？我们在选择容器时，不妨按照"寻找和自己想要创作的作品颜色相符的容器""寻找和自己想要呈现的设计相符的容器"来选择。如果没有这样的容器，那就自己制作吧。如果是颜色不满意，那就重新涂成自己想要的颜色。

使用聚集式混栽的基本单位"小花束"，可以呈现出各种风格的作品。从基础的容器到具有实验性的"框架（骨架、结构体）"，使用这些容器可以横向、纵向扩展我们的设计方向。

日本大阪府河内长野市的石田工房的石田保先生制作的"网木纹花器"。这是使用天然树脂制作的容器，形态多样，既轻巧，又结实，不容易损坏。这种容器中有小小的缝隙，对根部的生长有好处，是最适合装饰、培育植物的构造。有把手的网木纹花器在搬运时会非常方便。

左图／在花篮中铺上布，就能作为花器使用。

右图／高度约为 10 厘米的自制陶花器，在里面种上多肉植物，打造多肉植物的壁挂花篮。

使用颜色差不多的容器可以在营造出统一感的同时带来一些细微的变化。容器能够打造出立体感，这是它们的优点。选择椰土的话，就算是大型的容器，也能比用普通土的作品更轻。放在花台等上面，让花朵的高度接近人的视线，提升美丽花卉的观赏价值。带浮雕的容器更能够营造出高级感。

这里是重点！

◎ 带有浮雕的容器大多是以石膏作为原料的，长期使用下去会渐渐变得劣化。给这种容器事先喷上透明的漆或涂上油漆可以有效保护素材，使得容器能更加耐用。容器的颜色也是设计要素之一。配合作品的设计，重新将容器涂成自己想要的颜色也是很有趣的。说不定等自己冷不丁察觉到的时候，逐渐增加的形式各样的容器都涂成了同样的颜色，不知不觉中营造出了统一感。使用水性漆的话，等漆干了之后容器还能变得更加耐潮，非常方便。在涂漆的时候，不仅仅要涂外侧，希望大家把内侧也涂上漆。这样一来容器能变得更加耐用。

使用框架（结构体）的空间设计

在配置带根花束时，若自己思考设计一些原创的框架的话，能够创作出前所未有的装饰，展示出切花所无法表现的自然且充满魅力的花材。带根花束比切花更加耐放，可装饰的空间也扩大了。大家可以多思考一些只有聚集式混栽才能实现的空间设计。

培养土

什么土才适合聚集式混栽呢?

能不能不使用土壤来培育植物呢?

在培育植物时,虽然用来种植植物根部的材料是必需的,但不一定非要使用土壤。可以使用泥炭藓或石棉,或者是像"水耕栽培""植物工厂"那样使用营养液来栽培。聚集式混栽在2015年邂逅了使用椰子壳碎片制成的"椰土"(fujick 株式会社制),并以此为契机开始广泛使用这种培养土。我针对椰土进行了随季节变换的大量实验性栽培,都得到了不错的结果,因此所有的作品都开始使用椰土了。结果,我因"不使用土壤"的园艺手法被广泛关注。在这里,我想针对关于普通培养土的思考和使用方法,以及取代土壤的椰土的优点进行介绍。

从种植的时候开始就能保持"清洁"的培养土的使用方法及其性质

聚集式混栽最开始是从将土填满至容器边缘这个步骤开始的。基本的种植方法是向装满了土的容器中插制"小花束"。这个方法搭配上"花束种植"这个技法,就实现了聚集式混栽固有的方法。这样,在作业时基本上不会弄脏容器和作业桌面。聚集式混栽所追求的是开始制作时就很"干净",制作完成后依旧很"干净"。

用以往的园艺手法来制作混栽作品时,会需要在植入幼苗后在间隙中填入土壤,所以总是会把土壤撒到桌面上。要想在小小的缝隙中均匀地填入土壤并不容易,所以需要在填入土壤之后,晃动一下花盆,或者是用细棒不断戳土,压实土壤。聚集式混栽中不需要这些步骤。因为不需要反复地接触土壤,所以植物和容器都不会被弄脏。从各方面来看,这都是一种非常潇洒的方法,所以就算是初学者也不会很辛苦。

适合这种聚集式混栽的培养土的性质,包含以下三点。我花费了大量的时间,尝试了各种各样的培养土,最终比较推荐的是用于蔬菜栽培的以黑土为基础的土。

○ 拥有柔软的特性,可以轻松地将小花束插入其中。

○ 拥有良好的保持力,种植后可以稳固支撑土球。

○ 拥有吸水、保水、保肥力,拥有适中的透气性及排水性。

一般在园艺中涉及培养土的事情时,会有两点需要考虑。一点是,要符合植物的特性,选择最适合这种植物生长的培养土。排水、保水和保肥,土壤的酸性、碱性,这些都是需要考虑的重点。另外一点是,使用任何植物都能适应的通用性高的培养土,尽可能简洁地系统化。聚集式混栽应用的是第二点。这样对于不是那么了解园艺的人来说也能容易上手。

培养土所具备的 3 类性质

保水力
保肥力

吸水性

排水性
通气性

聚集式混栽推荐使用可以取代土壤的素材，不过如果难以买到或者是比较喜欢培养土的触感的话，可以选择以黑土为基础的比较轻的培养土。

关于适合聚集式混栽的培养土

虽然符合以上几点的培养土都可以使用，不过在这里，还是介绍一下蔬菜和花苗的生产者所使用的"苗菜培养土"。使用过这种以黑土为基础的培养土的人，大多都会被它的"松软感"所震惊。这种土十分蓬松，甚至感觉不像是土壤了。用手指戳一下的话，手指会特别容易陷进去，就像是被吸进去一样。当然，在种植幼苗的时候不需要使用太大力气就可以简单顺畅地将其种进土壤。

制作这种土壤的川井先生用了 30 年时间反复试验研究，从播种到定植，再到栽种，不管是花卉还是蔬菜幼苗的生产，全都可以使用同一种土壤进行管理。据说这种土壤中加入了原创的配方，具有不错的保肥力，也因此能够培育出强壮的幼苗。原创基础培养土中加入泥炭，以绝妙的比例配合而成的苗菜用土十分蓬松。这种独有的蓬松感即表现出土壤中拥有酸性，可以有效帮助植物根部呼吸，拥有良好的通气性，适度的排水性，以及保水力。调配比例随春夏秋冬会有一些变化，所以有春秋季用、夏季用、冬季用这 3 种类型，也是十分考究了。做好这种细致周到的工作的话，植物在生长状态上也会给人带来惊喜。

"苗菜培养土"，左边鲜亮的黄绿色袋子是 12 升装，右边的是 25 升装。
（照片提供：花苗、蔬菜幼苗生产直销店 苗菜）

使用"土壤"以外的土能够增加更多园艺爱好者

关于培养土的说明如前所述，不过如果不使用土壤的话，是不是能增加更多想要接触园艺和植物的人呢？我思考着这个问题，开始寻找代替培养土、不使用土壤的装饰设计方向，最终，开发出了使用带根花束和多肉植物等的范畴。在寻找"代替土壤的绳索"时，我遇到了"聚集式混栽水苔（化学纤维毛线）"。聚集式混栽水苔的种类有所增加，也有颜色和茸毛纤维长短不同的商品。这些都可以代替水苔来制作带根花束和花串，还可以用在多肉植物上，装饰用途的范围在逐渐扩大。

在这段时期的探索中，最大的收获就是遇到了"椰土"。虽然之后会进行详细说明，我还是想先提一下，椰土不仅有"质轻""清洁"的优点，还有其他很多有助于植物栽培的优点。但是，对于城市居民来说最大的优点，就是丢弃时可以"作为可燃物废弃"（涉及垃圾分类事宜）。在处理枯萎的盆栽时，丢弃盆内的土是一件麻烦事，也因此成了阻碍人们走入园艺世界的一大障碍。

虽然各个地区的规定不同，不过以东京23区为首，日本许多地区都不接受土壤、砂石类的垃圾，所以在丢弃园艺用土时，需要拿到当地的绿植中心或公寓的物业，不然就要到园艺店，或者是委托专业人士处理。在发生核电站事故之后，日本关东到东北地区的很多地方，都没办法再到公园的管理处等设施丢弃土壤或剪掉的枝条，或者是领取培

养土了。

而"椰土"是使用椰子壳制成的纯天然种植材料，专业的生产者会将它们用于土壤改良。有院子的人也可以把它们混在土地里，最终也是可以作为可燃物处理的。

除此之外，椰土还能减轻完成后的作品的重量。种好的植物比较轻的话，对于女性或是上年纪的人来说也能比较容易护理。聚集式混栽大多会在盆底的洞口铺上网垫，然后单独使用椰土。当然这也因人而异，有些人在种植时会比较喜欢培养土带来的感觉。这种情况下，可以在容器的下层铺上椰土，上层使用培养土，这样在种植小花束的时候土球也能整个埋在培养土中。为了让重心更稳固，也可以反过来在下层放培养土，或者是像"三明治""千层派"那样在中间放椰土等。

"筑山御苔"的作品中使用的是"化土土"。

寻找可以愉快地进行作业的"常去的工作室（作业场所）"吧

聚集式混栽不使用"土壤"，可以干净整洁地打造出作品。但是，买回来的幼苗上会有土壤，在准备阶段缩小土球时，会弄出不少土，所以需要考虑好要怎么处理这些土。是选择循环利用呢，还是扔掉。如果在自己家进行作业会比较困难的话，那么强烈建议大家先寻找一下附近是否有可以进行聚集式混栽的场所。希望大家能找到既出售优质幼苗，又能在那里进行作业的店铺。

再对土壤的处理问题深究一下，就会发现如果无法很好地处理好和社会体系本身的关系，那么享受园艺这件事也无法成立。特别是专业制作聚集式混栽作品的人，如果只是单纯作为"顾客"进入业界的流通系统的话，是没办法长期持续的。认可青木聚集式混栽技术的人员遍布日本各地，他们都在推广这个方法。

聚集式混栽的王牌材料

关于拥有众多优点的"椰土"

种植在椰土中的植物长势都特别好。种在这种培养基质中的植物，最后都会像第37页的照片那样，又细又长的根部深深扎根于盆中，像菌类的菌丝那样紧密缠绕在一起，令人惊叹。像这样在经历数个月或半年之后，把植株从盆里拔出来的时候，就能了解到有什么区别了。

使用天然椰子果实制作的自然素材

椰土在生产过程中有对其做清洁、脱灰的工序，所以椰土很干净，不容易弄脏手，一些比较在意手部护肤的人对椰土都有很好的评价。椰子随海浪漂流至海洋的各个岛屿，分布区域越来越广。椰子之所以能抵抗住强烈的日照、暴风雨、盐水侵蚀，繁衍至远方，那是因为它拥有保护种子的果皮、海绵状纤维以及硬壳。而椰土就是用椰子果皮和硬壳中间的那层海绵状纤维为原料制成的。

轻盈的椰土给植物带来大量的氧气

椰土要比土壤轻得多。fujick 公司做过实验，在富含水分的情况下，椰土的重量只有培养土的三分之一，而且椰土不会像土壤那样下沉，可以确保通气性。土壤随时间推移，颗粒之间的缝隙会越来越小，总是会下沉。而椰土则能够持久保持物理特性。素材本身在吸收水分后大概能膨胀到原来的 1.5 倍，干燥之后又会收缩。花盆中反复进行着这种膨胀收缩的运动，每当这时，椰土的纤维中就会进入空气，以此来保持良好的通气性、保水力、排水性状态。得益于这种特性，用椰土种植的植物在夏天很少会闷热受潮，冬天也不会像种在土壤中那样容易受冻。在日本北部和东北地区也可以将秋天种植的植物放置在车库等地方，待第二年开春还可以继续观赏。

可以作为可燃物处理，人性化极高的培养基质

椰土在用完之后可以作为可燃垃圾丢弃。不过如果就这样直接扔掉会十分可惜，所以希望大家尽可能填到庭院的土地或是田地中。这样一来，椰土还可以作为优质的土壤改良材料再利用。椰土自开发出来已经有 40 年了，而它作为农作物的土壤改良材料的历史要更久。

据说 fujick 公司的上代社长丰根实在 40 多年前曾说："不久之后，高龄人群会越来越多，也会有越来越多的人觉得搬起一盆盆栽很吃力吧。"正如他所说的那样，至今支撑着园艺界的爱好者也急速高龄化。我希望与此同时，能有更多年轻人多亲近花卉和绿植。质轻、容易后续处理是椰土的最大特点。种植在椰土中的植物根须密密麻麻缠绕在一起，也很容易就能从盆中拔出来，可以连同植物一起处理掉，而且还不会像种植在土壤那样，在盆中残留下泥土。指甲里不会进入泥土，移植时也可以在清洁的状态下进行。

椰土是在充分考虑到环境的情况下生产加工的

水苔和泥炭藓等因为会对环境造成负担，所以有的地区会限制使用。

1 棵椰子树在 3 个月能结 30 个左右的椰子果实，一般在开始结果之后的 80 年都可以收获果实。目前，椰子的用途也很广泛，完全能够支撑椰子产地的人们的生活。这也是它和其他材料拉开差距的一点。

图右 / 优质椰土（有 5 升装和 50 升装）
图左 / 多肉植物专用椰土（1 升装）

椰子果实的断面图

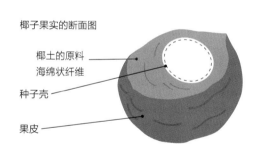

椰土的原料
海绵状纤维

种子壳

果皮

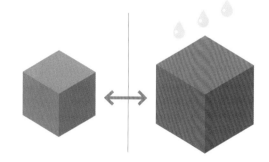

椰土的纤维在吸收水分后会膨胀到原本的 1.5 倍，干燥后会再次收缩。夏季不容易潮湿闷热，冬天具有保温效果。

小花束，生根的秘密

　　我们把植物种植在以椰土为主的培养基质中，经过半年以上再从盆中拔出来，切开后发现植物已经深深地扎根了（参阅第 37 页）。作为聚集式混栽基本单位的小花束是将多株植物结合在一起的状态，所以我就想，是不是因为植物之间会相互影响，导致根部只会向下生长。不过实际到底是怎样的我也不知道。椰土的外侧虽然有很多比较粗的根，但内部全都密密麻麻地生长着细细的根。

使用椰土时的重点

椰土中的气相（土中气体占据的部分）总是会有新鲜的空气和水出入。浇水时要充分浇透，直至容器底部有水流出。这样可以把不需要的物质冲掉，而且还可以更换椰土空隙中富含的水分和氧气。这个时候，椰土会因为吸收了水分而膨胀，在容器中变得紧实，植物会稳稳地固定住，就算整个翻转也不会脱落，这样还有助于根的生长。接着，椰土在开始干燥时会收缩，形成的缝隙中会进入新鲜的空气和水分。这样反复循环，健康的根会为了吸收新鲜的空气和水分而不断延伸生长。气相已经崩溃的培养土（结块的土）中没有新鲜空气可进入的空间，也就是说，处于"排水"不好的状态。如果总是处于有水的状态，那么根就不会想要生长，甚至无法呼吸。

关于"灰水"

作为椰土原料的椰子果实里含有"单宁"成分。这是植物在光合作用中生成的一种成分，是一种多酚类物质。单宁具有抗氧化作用，被用在木材防腐材料等领域。因为是植物生成的东西，所以对人体无害。正是因为有单宁这种成分的存在，椰子的果实才能承受住日晒和雨打，在海上漂流好几个月，直到找到可以扎根的地方。

不过，在作为园艺培养基质使用时，单宁会妨碍植物的生长，因此需要进行脱灰处理来减少单宁含量。椰土是使用特殊的方法冲洗多次，进行脱灰。但即便如此，有时还是会有灰水流出，所以需要注意植物的放置场所和浇水方式。如果实在是介意单宁，那么可以参考下面列出的几点。

放在卧室内和厨房都很干净，所以安心。

这里是重点！

◎ 将椰土和苗菜培养土混合，或者是在椰土层的下面铺上培养土，以此来形成一个滤网（并不能完全防止灰水流出）。

◎ 充分浇水，待到容器底的水流尽之后再搬到要装饰的地方。可以用盘子接着流出的灰水。

TIPS
小知识

正是因为椰土中残留着灰水（含单宁成分），所以才能塑造出不容易腐烂的培养基质，而且不容易结块。另外，还能抑制土球的杂菌生长，防止植物生病腐烂。单宁拥有和咖啡、红茶中那种"涩"的性质。所以和去除杯子上的咖啡污渍一样，使用厨房除污剂（花盆推荐使用泡沫型）等就可以简单除去。

椰土中令人震惊的生根图

相较于土壤，椰土的物理性能可以更持久，不会结块下沉，所以植物能长出强壮的根。

照片中是在制作完聚集式混栽作品之后，经过数月到半年的时间再将植株从盆中拔出来的样子。

Chapter

第 **3** 章

接触植物的方法

研究植物的种类和接触它们的方法。

了解种植它们的人，使用新鲜强壮的幼苗。

进行"梳根"，缩小土球。

需要事先了解的事情

在开始聚集式混栽之前

选择优质幼苗，就是要了解它们的生产者

优质的幼苗是"看上去矮小，但是茎部粗壮，节间距（茎部长着叶子的地方为节，各节之间的距离即节间距）短，且健康。拿起的时候不会晃晃悠悠的""植株下部的枝叶数量茂盛，叶子的颜色深且鲜艳，有厚度。下面的叶子不会发黄"，等等。把幼苗从花盆中取出的时候不要过于用力，要倾斜着轻轻拔出来。要像是对待空气一样小心。拔出来之后观察土球，优质幼苗的土球大且有白色的根缠绕，当然没有病虫害也很重要。

如果摆放在店面的花苗都是这样还好，但实际上并非如此。不过，能够培育这种理想幼苗的生产者也确实存在。所以正因为如此，了解哪里有这种生产者就很重要。特别常用的花苗和观叶植物几乎每年都会用到，如果能了解生产者的想法和新的种植计划的话，那在等待出货期到来的时候也会非常开心了。

植株是否能分割

在制作聚集式混栽的基础单位"小花束"时，大多会把花朵和几种不同种类的叶类植物组合在一起。因此，为了营造纤细的表现，叶类植物需要分割成一小株一小株的，这一点很重要。在选好幼苗后，先观察植株根部，想想可以分成几株，然后分割出混栽所需要的幼苗数量。被分割的幼苗有可以"分株（分芽、分根）"的植物，以及花盆中有2株以上的"插穗（枝或芽）"，也有在播种时多个种子种在一起成长的植物，按照同样的方法来分割就可以了。

"分株"是将自然生根的植株分割成数个包含根和芽的小株，也称为"分芽"或"分根"。分株原本就是把生根后的植株进行分割的技术，所以从技术层面来说也是既简单又安全的。只要是在长出新根的时期，什么时候进行分株都是可以的。"插穗"的分割可以在花盆中以清洁的状态完成。（分割方法请参考第48页）

使用"插穗"来分割植物的做法并不是生产者一时心血来潮，而且这也方便我们分割植物。根部容易损伤的植物，或者是球根类植物等是不能分割的，在使用这种植物时要多加注意。

观察植物根部

注意不要伤到仙客来的根部

使用什么植物呢

有很多划分植物种类的方法。植物学中的××科、××属这种命名方式能够让人了解到这个植物是源自哪里。还有以植物的生命周期划分种类的，比如一年生植物、二年生植物和多年生植物（宿根草）；还有以开花时期划分的，比如春季开花植物、夏季开花植物；还有更加粗略的划分方式，比如喜阳植物、喜阴植物、喜水植物、耐旱植物、观花植物、观叶植物、观果植物、藤蔓植物、多肉植物、彩叶植物（有斑纹或叶子美观的草花，叶色有银色、青铜色、黄色、黑色等）、气生植物、蕨类植物、苔藓植物、球根植物；还有按照培养法来划分的，比如实生植物、扦插植物、嫁接植物。

植物的外观是怎样的，植株的高度、枝叶密度、颜色、形状如何，是向上长，还是成团长，或者是横向蔓状生长，细叶向外扩散生长，叶

子前端自由地耷拉着向下，像瀑布一样垂下生长，等等。聚集式混栽中需要的元素，正是这种外观的特征、颜色、枝叶密度上的特点。市面上出售的以营利为目的而栽培的园艺品种基本上都是经过品种改良的，也是为了确保花店或其他顾客买走后植株不会立刻枯萎。不需要考虑太多，遵循自己的感觉，尝试着各式各样的组合吧。

接触植物根部吧

接触植物的根部吧。一旦触摸到根部，应该就能察觉到一些至今从未曾想到过的事情。把大量的花苗从育苗盆中拔出来，梳理根部，然后进行组合。接触到根部时，就能够感受到不同的生产者所培育出的植株的根部之间

的差异，土壤感触的差异。或许至今所掌握到的园艺知识都是以不伤害植物根部为原则，但是聚集式混栽是从打散土球，制作"小花束"开始的。

何谓"土球"

土球是指植物从花盆中取出来的时候，植物的根部以及附着在根部上的土壤所形成的土块。大大的土球是植物根部健康的证明。一般来说，移植的时候尽量保持土球完整，然后再巧妙地打散，使植物长出新的根。

关于土球，有一个叫作"root band（根带）"的词汇，也有人叫它"pot band（罐带）"，

种植在花盆和育苗盆中的植物根部一直长到盆底后，盘绕成带状，根部卷在一起形成"盘根"的状态。一般来说，会根据适合生长的季节，或者是移植的目的来改变处理土球的方式，不过在聚集式混栽中，除了有几种植物需要注意之外，大多植物都需要不断接触其土球，把土球弄成小小的。因为不弄小就无法种植。

选择适合聚集式混栽的植物

1 "颜色" 2 "植株高度" 3 "植物形态"

首先，重要的是凭自己的感觉选择想要使用的植物。也就是说，到花卉品种丰富的店铺去是很重要的。如果你是专业人士，就应该每周到市场去寻找优质的植物。看到优质花卉和新品种，就立刻采购进行"压力测试"。将幼苗放置在室外一段时间，或者是做成聚集式混栽作品观察其情况。

在搭配植物时，观察植物的"颜色、高度、形态"是很重要的。形态中有笔直向上生长的类型，也有向上生长之后再外扩的类型，还有长成茂密一团的类型、向外攀爬的类型、下垂的类型。我们可以根据想要做出的作品风格，来利用各种植物的高度，发挥其特征，打造成蓬松的自然风格的聚集式混栽作品，抑或是茂密的台阶式风格的聚集式混栽作品。

组合

先来试着自由组合一下植物吧。为了避免打造出的作品模式化，尝试凭自己的感觉进行组合。组合的基本方法是"用 1 株花苗搭配 2 种叶类植物作为 1 组"。在一个容器中，作为主角的花朵种类控制在 2、3 种，这样制作好组成作品的基本单位，种植在容器中之后，才能打造出整体比较协调的优秀作品。以作为主角的花朵的颜色为基准，收集一些同色系，抑或是撞色系的花材吧。

实际摆放在一起来试着搭配

和容器的搭配方法

容器的大小和高度需要和花材以及想要打造的作品风格相符。容器的颜色、形状和表面的花纹也是作品设计中的一环。让我们把容器和花卉打造成一幅画吧。聚集式混栽会使用大量花卉和绿植，所以很适合用大一些的容器。大容器储水方面也比较优秀，在后期护理时也能省很多工夫。

使用给人深刻印象的蔷薇浮雕容器，将使用羽衣甘蓝制作成的小花束插在主要位置，打造成有分量感的台阶式作品。把白色的羽衣甘蓝外围的绿色叶子取掉，看上去就像是白色的玫瑰。把带斑纹的叶子当作花朵一样使用是聚集式混栽擅长的一种技术表现。

改变小花束的大小，作品给人的印象也会改变

　　对于容器来说，小花束的大小会根据使用的植物个体尺寸不同而改变。虽然制作小一些的花束花费的时间会久，但是能够呈现出更加细致的表现。过于粗糙的组合会让聚集式混栽的优点荡然无存。右图展示的是用 9 个小花束和用 12 个小花束打造直径35厘米的花环时的不同之处。

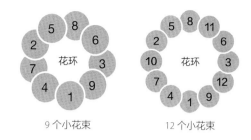

9 个小花束　　　　12 个小花束

需要多少幼苗?

　　根据容器的大小、想要打造的作品茂密程度、需要制作的小花束数量来决定花苗、叶类植物的数量。要打造一个作品，到底需要多少小花束（幼苗）呢? 首先，把需要的植物放在容器旁边，然后再具体考虑。根据设计风格，分割出需要的小花束数量。比如

知道需要 6 个小花束。然后，考虑用 1 种花类植物和 3 种叶类植物来制作（见下图）。叶类植物【叶1】是 1 盆可分成 3 株。叶类植物【叶2】可分成 2 株。另外一种【叶3】则不能分株。用这些搭配上花朵，用 2 种模式制作出 6 个小花束。

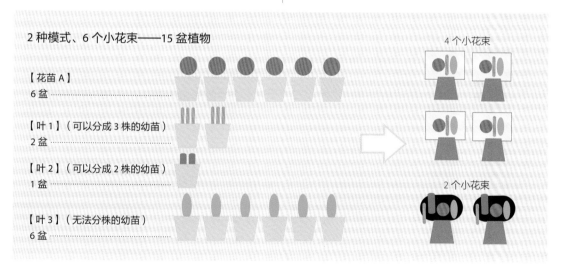

凭自己的感觉来选择

　　在打造聚集式混栽作品之前，先有一个大概的设想是很重要的。因为有很多需要提前考虑好的事情，比如要装饰在什么地方，使用什么容器等，所以自然而然地会有一个大概的制作方向。不过，我希望大家不要陷

入固定思维，在创作上保持灵活的思维。设计时并不是单纯在头脑中建立概念，倒不如说是看着眼前的花材，然后再寻找灵感，这样创作出的作品也能更加生动。

花苗是聚集式混栽中的颜料，
开发新素材可推动作品的呈现力

　　在我刚开始制作聚集式混栽作品时，会自己尝试使用各种各样的植物，把宿根草分株，准备好素材来打造作品。虽然当时我拜托熟识的生产者帮我采购和培育各类品种，不过因为使用的数量有限，所以大多没办法像想象中那样推进新品种的培育和生产。不过现在可以和其他制作聚集式混栽作品的朋友一起向生产者提出委托，进而用到自己想用的素材。长度很长的藤蔓类素材，像切花品种那样的月季，或者是在一个花盆中扦插3~5株来培育的草花，等等，这种委托都慢慢得以实现。

　　从以前开始我就在想，如果能使用无农药栽培的草花，或者是作为切花来流通的那些品种就好了。我做梦也没想到有一天能和生产者合作，并实现当初的想法。

在边长为3厘米的正方形绿洲型培养盘中栽培的一品红。高度、冠幅分别约为12厘米、18厘米（提供者：冈田成人）

暗叶铁筷子（Helleborus niger）的2号苗。这个大小的植株会长有花芽。

日本茵芋（Skimmia japonica）苗。生产者按照我的需求培育了3株。

以人与人之间的联系来创造价值

重视培育花材的人和使用花材的人之间的联系

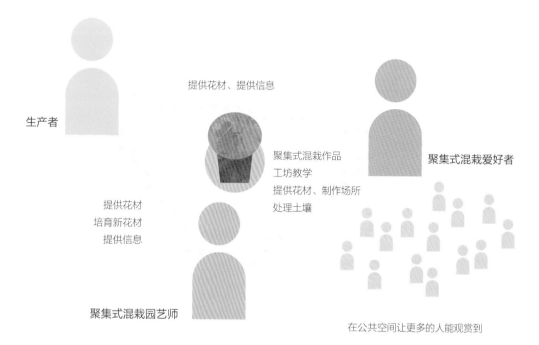

生产者

提供花材、提供信息

聚集式混栽作品
工坊教学
提供花材、制作场所
处理土壤

聚集式混栽爱好者

提供花材
培育新花材
提供信息

聚集式混栽园艺师

在公共空间让更多的人能观赏到

据说在 20 世纪 60 年代的时候，三色堇是露天栽培在田地里的。当时是把海鲜市场上用的木质装鱼箱子洗去盐分，用报纸包裹住植物的土球装在这种箱子里出货的。到了 20 世纪 90 年代，日本人对花坛幼苗的需求从大阪花博会那会儿开始增加，幼苗生产转型为在栽培设施进行大量生产，以盆栽苗的形式流通。伴随城市再开发，对绿植的需求和园艺热潮的兴起都为扩大幼苗需求做出了贡献。现在也有很多生产者在挑战各式各样的新品种，提供大量强壮、优质的幼苗。正是因为这样，我们才能在一年四季都能享受聚集式混栽带来的乐趣。

作为产业的园艺和作为个人兴趣的园艺的不同之处是，园艺产业会大量培育健康的相同品质的植物。假设这些生机勃勃的植物没有适合的流通渠道，那又将会怎么样呢？如果没办法以与成本相符的价格流通，那么生产者还能有动力培育优质的幼苗吗？我希望将聚集式混栽作为专业工作的人，都能积极地构建和维护好与花材、资材提供方之间的关系，毕竟花材和资材对于创作来说是最重要的元素。希望大家能经常从这个关系体系中找到有价值的东西，进行创造。希望专业人士不要把自己放在"生产者的顾客"的位置，而是放在"搭档"的位置上。

到了 21 世纪，花材的生产者和使用者可以灵活利用社交软件直接交流，交换信息。比如能够很快知道哪种植物会在什么时候上市，与之前比这种变化还是很大的。再有就是，可以详细了解到有关聚集式混栽的信息，可以看到很多目前市面上出售的花材所创作的作品范例。

今后，大家可以一起来思考新商品的创意，对创作进行测试改良，一定能够实现更加巨大的进步。

缩小土球

像插花时先让花枝充分吸水一样的准备工作，根据品种、培育方法和季节来改变处理方式

像插花时先让花枝充分吸水一样，聚集式混栽的事前准备中不可或缺的是"梳根"，也就是缩小土球。我们需要一气呵成地把土球弄小，整理好形状。在制作小花束的时候，如果土球小的话能够更加明确要捆绑的支点，并在捆绑花材时，稍微以螺旋状摆放，这样上半部分能蓬松地展开。相反，土球如果很大的话，就算束在一起也会觉得特别的挤。制作的作品体积越大，所需的缩小土球的作业就会越多，希望大家能做到快速完成。

考虑幼苗的获取方法、作业场所的土壤处理

在做聚集式混栽的初步准备时，要提前确定好如何处理创作中产生的大量土壤。是填到庭院的空地，还是拜托购买幼苗的店铺来进行处理，或者是委托熟识的园艺店以购买幼苗为条件，在店内进行作业、拜托园艺店来处理废土。总之尽可能寻找一些能够长期持续下去的方法。

拆散土球的三项原则

1. 去掉"肩膀"

2. 留着中心部分

3. 不要横切

在聚集式混栽中会经常用到香雪球，不过在处理其根部的时候需要特别注意。它在冬天的时候没有什么大问题，但是到了温暖的时期有时会枯萎，所以可以选择使用屈曲花（Iberis）等来代替。除此之外，还有绣球花、仙客来、一品红等需要注意的植物。也有很多人会根据月季、波斯菊、辣椒、法兰绒花（Actinotus helianthi）、欧石南（Erica）、帚石南（Calluna vulgaris）、石竹（Dianthus）、日本茵芋这些植物的品种和季节来改变处理方式。一般从秋天到春天的这段时期烂根的情况会比较少。如铁筷子中的暗叶铁筷子这个品种，在它上市时期的 11 月到 3 月之间，就算把土都抖落也没什么问题，但是从 4 月到 10 月之间，植株会有烂根的可能。混栽之后，最好在 4 月之前将其取出，移植到花盆或庭院中。若是铁线蕨（Adiantum），推荐用留着土的洗根方法进行处理。

像仙客来这种球根植物需要注意不能伤到它的根部，可以把它浸在水里，使土壤散落水中。但这和洗根是不一样的，要尽可能带些土。
（参考第 49 页）

植物根系大概可以分为 2 种（下图）。像 A 那种"直根系"的植物和球根类植物的根会比较难以再生，所以在处理时一定要十分注意。

主根
侧根

A 有主根、侧根的直根系　　B 须根系
要注意烂根问题！

缩小土球的步骤

仔细观察植物 ▶ 从育苗盆中拔出幼苗 ▶ 拆散土球（梳根） ▶ 把能够分株的部分进行分株 ▶ 用水苔包裹住根部做好保水工作

这里是重点！

◎ 了解土球的土壤湿润程度。如果根部能在作业前保持不是太干也不是太湿的状态的话，可以不伤害到根部简单地弄掉土壤。

◎ 在拿起育苗盆时保持小心翼翼的状态，避免伤到根部。虽然幼苗能够一下子全拔出来，但如果拔不出来的话，可以用剪刀把育苗盆剪开取出植株。

◎ 弄掉土壤的方法参考第 49 页。

观察好扦插苗的根和宿根草花芽的位置，然后把能够分株的部分细细分割。分株时必须要从土球切入，然后从上方分开。

3 株扦插苗的雪叶菊（*Senecio cineraria*）。因为根已经长到了底部，所以先取下底部交错的"根带"，然后弄掉"肩膀"的土，再掰掉外围一圈的土壤。用手指挑出根部的缝隙，最后分成 3 株。

像仙客来这样的球根植物，需要将水苔卷在球根下方，以防植株不能透气。

这里是重点！

◎ 这些植物的土球需要小心对待：
香雪球、绣球花、一品红、仙客来等。

◎ 比较强健的植物：
三色堇（小花品种）、矮牵牛、报春花（*Primula*）、羽衣甘蓝、观叶植物、叶多的植物。

◎ 多接触土球。

◎ 接触土球就等于接触植物。

◎ 不要害怕失败，积累经验、增长知识。

可以拆散土球吗?

聚集式混栽主张多接触植物的根部。一般来说,拆散土球会对植物的生长造成损害,实际也确实有因为伤到根部而导致植物枯萎的情况。但是,我通过几千几百次实践测试,在制作过程中也会摸索出一些诀窍,到现在,基本上不会有什么失败的情况了。

在土球被拆散之后,植物本身可能也随机应变了。有一种说法称,植物和人类不同,植物拥有 20 种以上的感觉来认知世界,适应环境。在水稻的研究中,也出过这样的案例:在插秧时,有些幼苗因根断掉而促使新根的生长,成活后反而长势更好。聚集式混栽中将土球拆散做成小花束的做法,会暂时抑制植物的生长,这样也能让作品效果保持较长时间。可以将此看成是根成活后,植入的所有植物都开始竞相生长一样。

信任植物所拥有的潜在能力

植物的根部有吸收水分和养分,以及支撑和固定本体的作用。虽然也要看是什么样的土壤,不过一般来说植物所必需的水分在地下深处会更加丰富,但相反,有营养的物质距离地表比较近。根的种类有主根、侧根和不定根。根系又有直根系及须根系等类型。据说植物是为了适应吸收养分、水分的环境,经历了复杂的进化才变成了现在这种形态。植物对水分和养分的吸收量和根的数量成正比。因为是通过从细小根毛的细胞表面进行吸收的,所以"表面积"很重要。比起粗壮的根,细小的根的分支以及长度会更加重要。

植物经历了漫长时间的进化,现在拥有足以在未知的危机中存活的结构。因此,就算被昆虫和动物吃掉一部分,暂时被浸泡在水里也可以活下来。植物拥有这种强大的力量。聚集式混栽之所以能够把很大一部分根部去掉,进行分株,就是因为信任植物所拥有的力量。能够放心把土球拆散的,仅限于优质的幼苗。所谓优质的幼苗,是指那些在盆中稳稳扎根,形成了"土球"的幼苗。这也是得益于生产者的技术以及他们平日的努力。聚集式混栽之所以必须要使用新鲜的优质幼苗,是因为根的数量多,这也代表着吸收水分、养分的细胞膜表面积更大,所以才能更放心地对土球下手。

从根尖开始"分株"

在进行分株的时候,必须要先从根尖开始进行分割。用拇指指甲一点点地切入根部分开的位置,将根分成两半。然后再把植株的上半部分分开。如果直接拿着植株的根部硬掰的话,会伤到根部,植物的茎也有可能会断掉。

弄掉土壤的 10 个方法

在这里，我总结了 10 个弄掉土球上的土壤，把土球弄小的方法。根据所使用的植物以及季节，可以用不同的方法。聚集式混栽中会用水来减少土球土壤的做法仅仅是在不想伤害到根部的情况，除此之外基本上是不用水的，但是在制作带根花束的时候，需要把根部的土壤全部洗掉，以此用在室内等各种各样的活动及其他用途。

1 塑料盒直径约 6 厘米的幼苗可直接使用

2 轻轻弄掉土壤

3 握压法

4 摘掉底部 "根带"

5 离合法：摘掉 "肩膀"　离合法：摘掉 "外围部分"

6 桂剥法（旋转土球剪一圈）

7 四指法

8 拇指法

9 用水轻轻冲洗

10 完全洗掉

在缩小土球时，最重要的一点是速度。总而言之，就是要快。像在使用方法 4~8 时，一般都是一气呵成的。如果是优质的幼苗，用稍微大胆一点的方法，就算稍微伤到根也是可以成活的。方法 1~3 以及方法 9 是用在根不是太多，或者不想伤到根部的时候。方法 1 中提到的幼苗，是因为本身就比较小，所以可以直接使用。方法 2 是指把土壤稍微晾干一些，然后直接弄掉就好。虽然也要看土质，不过有时也能非常容易就弄掉。因为带根花束是以清洁优先来进行创作的，所以需要把土壤完全洗掉。聚集式混栽并非是要把根部的土壤全部洗净，而是根据使用的植物以及季节来采取不同的方法。直接接触植物，这是聚集式混栽最重要且最有趣的部分。希望大家能在一年之中反复多次进行实践，亲身体验一下这些方法，进而掌握。

制作小花束

这是打造聚集式混栽作品的最小组成单位

　　"小花束"是聚集式混栽中的基本单位，这些小花束可以构成和呈现各种各样的作品。为了能往容器中放进多种植物，就需要把土球缩小。不过这样的话，植物单体会无法支撑自身，种植时会比较困难。制作成一束小花束，就可以让植物之间相互支撑，从而解决这个问题。小花束也不是单纯地把植物合在一起，希望大家在制作时，能怀着"创造全新花朵"

的想法来进行制作。选择1种花类植物，以及2、3种叶类植物来进行组合，这是比较基础的组合方式。

　　要点为：①配合植物的高度、茂密程度。②要种在容器的哪个部分，这要在脑海里有个方向。③相邻植物的花和叶子像是编织在一起一样整理好。④能让人一眼看到花和果实。⑤在添加植物的时候用水苔包裹做好保水工作。

把小花束像切花那样插入花盆

把小花束插到土中之后，就会受到容器和用土的压力，根和土会紧密贴合在一起，这对根部的成活有很好的影响。

选择花类植物、叶类植物进行组合 ▶ 缩小植物的土球 ▶ 用水苔包裹住根部进行保水 ▶ 把花类植物和叶类植物合在一起保水 ▶ 使用聚集式混栽水苔卷好

选择花类植物、叶类植物进行组合

打造整体有平衡感作品的基础，就是决定好要使用的花类植物，然后再搭配2、3种叶类植物。同时也要仔细观察植物的高度和茂密程度。

缩小植物的土球

能够进行分株的叶类植物就分成小株。不能进行分株的就直接把根部稍微梳理一下。让枝叶纠缠在一起，像编东西一样进行搭配。

用水苔包裹住根部进行保水

把土球从土中取出之后，重点是要用水苔进行保水。水苔并不是单纯为了遮盖土壤的护根素材。

把花类植物和叶类植物合在一起保水

考虑之后要放入容器，一边在手中微微调整植株的高度和花的朝向，一边将小花束合在一起。在合并时，也要把每个小花束的根部卷上水苔。相邻植物的花和叶按照编织的感觉整理。

使用聚集式混栽水苔卷好

用来卷各个植株根部的水苔要选择纤维长一些的，这会成为天然的绳子。如果植物比较小的话，仅仅使用水苔就可以了。不过个头比较大的植物，水苔就卷不住了，需要使用聚集式混栽水苔。

这里是重点！ ▶

◎ 两种水苔的作用主要是保水和固定，因此只缠住茎的根部、土球的上半部分即可。

Chapter
第 4 章

聚集式混栽教程

来试着实际制作各种风格的聚集式混栽吧。

单个小花束·聚集式混栽

仅仅使用作为最小单位的 1 个小花束打造作品

　　在这里，会向大家详细介绍使用作为最小单位的小花束打造作品的方法。虽然是聚集式混栽的入门技法，不过根据制作小花束的方法，也可以打造出十分细致、自然的作品。这种方法成本不会太高，完成后也可以作为小礼物来送人。还可以使用在制作其他作品时剩下的花卉或叶类植物来制作。

小花束 ×1

分株的方法

有的植株可以分株，有的则不可以。要仔细观察幼苗的根部。如果植株根部是一根完整的根，那这种植株就不能进行分割了。如果是像上图左侧照片那样，植株的根有 2 根以上的话，是可以分株的。这个时候，就按照上图右侧照片那样，把根分开，分株的要点是要从土球的地方分开。如果从植株的茎部开始分株的话，很有可能会把根部弄断。（参阅第 48 页）

【 使用花材 】

金鱼草、三色堇（小花品种）、香雪球、鳞叶菊（*Leucophyta brownii*）、灌木迷南香（*Westringia fruticosa*）

三色堇（小花品种）的土球梳理方法

准备好白色根须完全缠绕土球的健康幼苗。土壤完全干透或是过湿的状态都会影响制作，所以在使用的前一天先提前停止浇水。留下土球中心部分的土壤，把"肩膀"部分的土块掰掉，要点是尽可能把最后留下的土球弄小。之后再用水苔包裹。比较细的植株在束起来时能更容易做得蓬松。如果是使用三色堇的大花品种或是小花品种，可以把土球多去掉一些。缩小到原本大小的三分之一左右。

分株范例

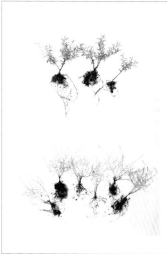

这株灌木迷南香分成了 3 份。

这株鳞叶菊是专门针对聚集式混栽培育的，分成了 6 份。

在使用香雪球的时候要注意，尽量不要破坏它的土球。不要进行分株，按照现有状态和其他的植物搭配种植。

金鱼草也是不能进行分株的，可以摘掉下侧发黄的叶子进行调整。

不同的生产者的种植方法会有所不同。同一种植物可分割的份数也会不一样。

制作小花束

　　准备好各种植物分株后的各个小植株后，就可以把它们制作成小花束，作为作品的一个基本单位来使用了。水苔（左下照片）既可以为植物保水，同时还可以发挥着如同黏合剂的作用，又可以作为捆绑的绳子来使用。如果手边只有纤维较短的水苔，那么可以再另外准备一些聚集式混栽水苔（右下照片）一起使用。不管用哪种，重点是要让它们充分吸收水分。如果是使用聚集式混栽水苔，每株植株只需要缠绕1、2圈就能很好地固定住，所以在制作如上方照片那样体积较大的小花束时，中途卷好固定可以不至于让手太累。

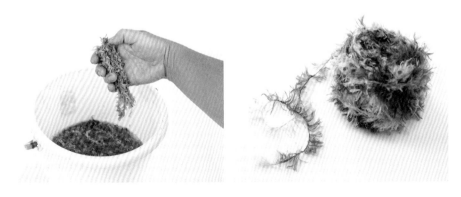

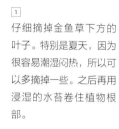

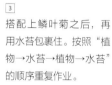

1

仔细摘掉金鱼草下方的叶子。特别是夏天，因为很容易潮湿闷热，所以可以多摘掉一些。之后再用浸湿的水苔卷住植物根部。

2

用水苔卷的话可以确保水分的供给，还能防止干燥。然后再选一些比较细的鳞叶菊叠加在上面。

3

搭配上鳞叶菊之后，再用水苔包裹住。按照"植物→水苔→植物→水苔"的顺序重复作业。

4

金鱼草是个头较高、直立生长的类型，选择3株茂密类型的三色堇（小花品种）围在周围。

5、6

让鳞叶菊和灌木迷南香整体柔和地融合为一体。

7

随着制作的推进，手中的花束会越来越粗，变得不好支撑。这时候用聚集式混栽水苔缠绕1、2圈固定一下，就能方便之后的作业了。

8 ~ 10

重复这些动作，直到制作出想要的大小。

11、12
中央放置1株金鱼草，然后再在它的四周搭配3株三色堇（小花品种）。在组合植株时要注意让水苔贴合在一起。

13
注意调整花朵的朝向，让人从任何方向都能够看到三色堇（小花品种）的花朵。聚集式混栽的优点就是可以直接在手中进行调整。调整的过程中注意动作要轻柔。

14
加入3株向外侧蔓延的香雪球。这样搭配在一起之后，可以在其他花朵之间再加入一些花朵，让整体更加协调。

15、16
在外侧加入一圈白色的小花，注意整体的平衡感。

17
使用单个小花束打造的聚集式混栽作品，因为是把整个小花束直接种植在花盆中，所以小花束会比一般的更大一些。

栽种方法

18、19
在小花束完成之后进行种植。确认小花束的土球是不是和容器大小相符。如果太小的话就再添加一些素材。在把单个小花束种植入容器时，添加的土（椰土）距离容器边缘稍微凹陷下去一点点，这样在种植的时候反作用力会小一些。

20、21
确保植株稳稳插入容器。用双手的手背向内侧靠拢的姿势按压。用整个胳膊来按压的话会比较好使劲。

22
把手指伸进植株之间，以像是在调色一样的感觉来做最后的完成工作。一边旋转花盆，一边充分添加椰土或水苔，确保小花束稳稳固定住。浇水也是要浇透，直到盆底有水流出。如果使用了椰土，椰土会吸收充足的水分而膨胀，可以更加稳定地固定住植株。

插花法

花环·聚集式混栽

享受简洁形状和细腻表现的聚集式混栽入门级作品

　　直径 35 厘米的花环可以用 9 个小花束来完成，直径 45 厘米的花环可以用 12 个小花束来完成。稳固地种植好小花束之后，先反过来测试一下花束是不是已固定好，进行 "翻转测试"，这一步很重要。因为花环很容易干燥，所以浇水要用心才行。需要偶尔旋转一下花环，来调整植株生长的方向，也可同时使水渗透整个花环。

〖　使用花材　〗

多种车轴草（*Trifolium*）、头花蓼（*Polygonum capitatum*）、
臭叶木（*Coprosma*）、千叶兰 "聚光灯"（*Muehlenbeckia
complexa* 'Spotlight'）、多花素馨（*Jasminum polyanthum*）

〖 使用花材 〗

矮牵牛、百脉根"棉花糖(Cotton Candy)"、千叶兰"聚
光灯"、斑叶百里香(*Thymus vulgaris*)、常春藤、
金边百里香

制作花环吧 ①

三色堇（大花品种）和雪叶菊的花环（直径 35 厘米）

〖 使用花材 〗

三色堇（大花品种）5 株、仙客来 3 株、
雪叶菊 3 株、短尖南白珠（*Gaultheria
mucronata*）3 株、亚洲络石"初雪"3 株、
灌木迷南香 3 株

像这样将作为主角的花卉和叶类植物各准
备 3 株，确保幼苗的数量充裕。

〖 提前制作好 3 种小花束 〗

上图中从左开始分别是雪叶菊和短尖南白
珠的小花束，三色堇（大花品种）、仙客
来和灌木迷南香的小花束，三色堇（大花
品种）和亚洲络石"初雪"的小花束。

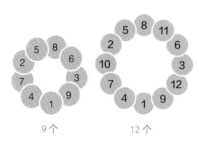

9 个   12 个

花环大小和小花束数量的关系

直径 35 厘米花环篮：9 个小花束。
直径 45 厘米花环篮：12 个小花束。

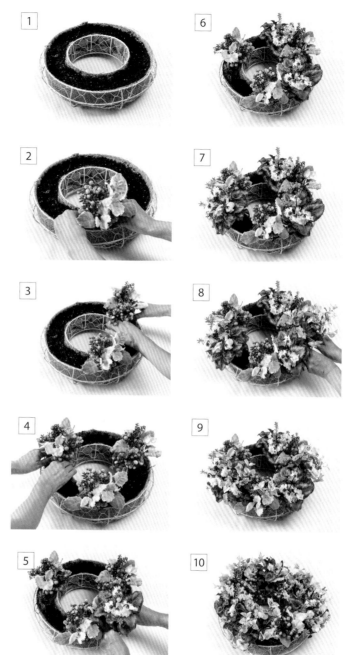

1

先将花环篮中填入培养土。培养土不需要填满，距离花环篮边缘稍稍留出些距
离，这样更容易植入植物。

2 ~ 10

注意平衡感，将雪叶菊和果类植物（短尖南白珠）的小花束安排好，以它们为
基准，以画三角形的方式插入仙客来和三色堇（大花品种）的小花束。并不需
要把所有小花束都朝正上方摆放，稍稍往外侧或内侧倾斜一些，能够让整体看
上去更加自然。

虽然花环基本上是挂在墙壁上的，不过也可以平放作为桌面装饰，或者和蜡烛搭配进行装饰。

从植株的侧面添加花材

先整体放入 9 个大一些的花束，然后再在各个花束侧面插入小一些的花束，以此来营造出作品的层次和饱满感，体现出生机勃勃的感觉。

15

11
以直径 35 厘米花环用 9 个小花束，直径 45 厘米花环用 12 个小花束作为基准，在准备小花束的时候也考虑这个基准，想象着要如何整体覆盖住花环篮来做准备。因为种植花束的方法可以直接徒手作业，所以能够实现细致的表现。

12、13
一些微小的调整，比如"这里如果有花的话比较好"，或者是"这里如果有叶子的话作品看上去能更加圆润"等，这时都可以用水苔卷上小一些的植株插入。如果花环内侧插入太多花材的话，整体看上去会不像圆环，所以一边观察整体的样子，一边插入花材吧。

14、15
把所有素材都放入花环篮之后，再稍加修整，让它们融为一体。在修整藤蔓类的植物时就留意一下藤蔓生长的朝向即可。植株间和与花环篮之间都用厚一些的水苔塞满，用以保水和固定。最后翻转过来进行翻转测试（参考第 67 页）。

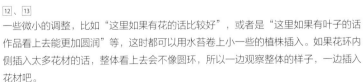

制作花环吧 ②

辣椒和叶类植物的花环

【 使用花材 】

观赏辣椒、多花素馨（青柠色）、地锦、莲子草"大理石女王（Mable Queen）"、紫露草（ *Tradescantia* ）、半柱花（ *Hemigraphis* ）。

【 提前制作好 3 种小花束 】

不使用花类植物，利用果实和叶类植物来组成作品。整体放入青柠色的多花素馨。

1、2
聚集式混栽的特点是可以像花艺那样对花材进行搭配,把小花束插入土中种植。

3
如果花环中所有花朵都是直挺挺朝上的话会失去动感。因此在制作小花束时希望大家可以留意一下,让花朵和叶子朝各个方向伸展。

4～11
让叶子和旁边的小花束融为一体,进行种植。

翻转测试

插入植株后，根和培养土会密切贴合。如果培养土选的是椰土，土在吸收水分之后能够膨胀，可以变得更加稳固。翻转测试就是检验植株的稳定情况。双手拿起花环，把它翻过来。如果这样做植株会动的话就再接着修整。

12 ～ 16

多取一些水苔，塞在植株之间以及植株和容器之间。这样固定好之后，即使将作品整个翻转也不会松动。观察花材的平衡感，如果有缝隙的话可以用藤蔓或绿叶来完善设计。

这里是重点!

◎ 用种植花束的方法制作的花环在种植的阶段植物就已经固定在容器里了，甚至翻转都不会移动，所以才能放心地挂在墙壁上。在快递时也不会轻易散掉，这一点很方便。

◎ 花环容易从下面开始干燥，所以平时要用心浇水。

◎ 如果是把花环放置在花环架等上面，那么下方容易积攒水分，上方容易干燥，所以时常旋转一下花环比较好。旋转后植物生长的方向也会改变，整体也能保持很好的平衡感。

花盆·聚集式混栽·自然风

活用植物的自然姿态打造蓬松的作品风格

　　自然风作品会选择个头较高的和较矮的植物搭配在一起。让植物展现出各自的个性，营造一种自然蓬松的作品风格，让人观赏到植物原本的自然姿态。在这里，我们试着使用比较好处理的小花盆来打造作品吧。

　　聚集式混栽是以"四方见、全角度"作为基本原则的，不过小一些的作品或者是摆放在靠墙位置的作品，选择中心后移的"一方见、单边"方式会更合适。在正中间靠后的位置植入个头稍高的植物，一点点地在周边添加小一些的花束，一边观察作品整体的感觉，一边制作。

制作自然风作品吧

小花束 ×10

　　准备好 10 个小花束。中间的是个头较高的蕾丝花花束，周围是矮牵牛和其他更小的花束。要将这些小花束全都种植在盆口直径为 20 厘米的花盆中。在制作小花束的时候，先决定好作为主角的花朵，然后想好要把它安排在什么位置，搭配的时候一边观察整体的平衡感一边调整。将它们种植在容器中之后，再调整叶子的搭配，完成作品。如果觉得哪里缺点儿什么，可以再挑选一些小份的花材用水苔卷好补充到作品中。

〖 容器・用土 〗

网木纹有擔的小型花盆，
直径约 20 厘米。
垫上盆底网垫，不使用盆底铺石。往花盆中填满椰土，直至花盆边缘。

〖 使用花材 〗

矮牵牛"横滨晨曦"、矮牵牛"古董（Antique）"、蕾丝花"皮尔斯白"（*OrLaya grandiflora* 'Pieris White'）、匙叶秋叶果、斑叶的新风轮、草胡椒（*Peperomia*）、车轴草、银叶香茶草"银冠"（*Plectranthus argentatus* 'Silver Crest'）、迷你矮牵牛、野迎春"黄蝴蝶"（*Jasminum mesnyi* 'Yellow Butterfly'）、斑叶的宽叶百里香"福克斯利"。

小花束的制作方法

1
看一下小花束是怎么制作的吧。在这里，为了能更容易制作小花束，会先处理掉花材上的土。不过等习惯了之后，可以只先处理叶类植物等比较强壮的素材上的土，等到种植之前再处理花类植物上的土，这样可以防止花类植物枯萎。之后再一边进行小花束的制作，一边进行种植。

2、3
首先，选取个头较高的蕾丝花，用水苔包裹其根部，进行保水。

4、5
搭配匙叶秋叶果和斑叶的新风轮。

6
再添加一些蕾丝花、斑叶的新风轮，不过斑叶的新风轮要分成4株，分别放在不同的位置进行添加。每株都要用水苔包裹好。在用水苔进行包裹时，注意适当摘掉一些下面的叶子。也可以一边制作花束一边用水苔包裹。

7、8
一边倾斜着呈螺旋状添加植株，一边微微调整植株的高度和位置。

9
用聚集式混栽水苔轻轻卷住。

10
用同样的方法制作矮牵牛的小花束。

11、12
迷你矮牵牛的小花束可以搭配车轴草，让叶子相互融为一体。搭配多种植物，以创造新的"花朵"的心情来享受创作的过程吧。

栽种方法

　　首先，在填满土（椰土）之后，将前页制作的花束插到土中。用这种方法的话，之后就不需要再添加土或者是用木棒戳实了。这个手法有些类似花艺中将花插在花泥上一样。像这件作品一样，在打造自然风格时，可以在中央插个头较高的小花束（这里微微往后移了一点点）。插小花束时的力度也是重点，伸出手臂，轻轻用身体的重量来插。如果感觉椰土的反作用力比较强，那就把椰土弄得稍微凹陷一些再插。

栽种后的工作

　　将小花束大致都种好之后，一边旋转花盆，一边用水苔（或者是椰土）充分填满容器的侧面。这既能起到很好的保水效果，还能作为后续护理的浇水位置，而且还可以稳固所有的小花束。最后再浇透水。椰土遇到水之后会膨胀，这样能更好地让小花束固定在容器中。

自然风作品的种植从中央开始

虽然也有和"台阶式技法"一样从外围开始一点点往中央进行固定的种植方法，不过这件作品中，因为有向上生长的个头较高的小花束，所以就选用了从中央开始种植的方法。若能以此来营造出空气感、柔和感的话那就成功了。

自然风作品的制作方法

1 ～ 3
先在后方插制个头最高的蕾丝花小花束，接着在其左右搭配茂密大团的矮牵牛和野迎春的小花束。

4
正面植入矮一些的银叶香茶草"银冠"和车轴草的小花束。

5 、 6
在比较空的缝隙处一点点插入斑叶的新风轮和草胡椒，这个过程中要注意作品整体的平衡感。

7
在外侧填入水苔后就完成了。沉稳的复古色，给夏日的傍晚带来一丝丝凉意。

花盆·聚集式混栽·台阶式

用植物打造的石墙

台阶式作品的特征是其建筑式的"砌体结构"。给人的印象就好像是使用植物打造的拱桥或半圆形屋顶。此方法可以利用个头较矮的植物打造出茂密饱满的作品。虽然一年四季都有花苗出售，不过如果使用从秋季到第二年春季的这段时期上市的矮矮的一年生植物，制作成的台阶式作品能带来一种与众不同的效果。因为这和使用切花制作的台阶型花艺作品是一样的，而且聚集式混栽作品可以长期观赏，作为花卉礼品也是相当受人欢迎的。

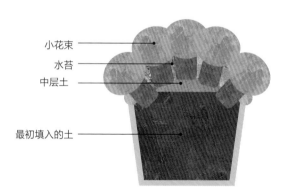

"台阶式技法"的剖面图

- 小花束
- 水苔
- 中层土
- 最初填入的土

这里是重点！

◎ 台阶式技法是像堆砌砖那样按照"砌体结构"用植物来实现的一种技法。与其说这是一种种植方法，倒不如说是以堆砌的感觉来制作更恰当，水苔在其中发挥着"水泥"的作用。

"台阶式技法"的俯视图

1

2

3

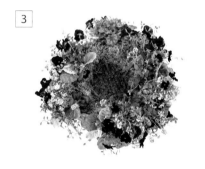

1
种完一圈小花束之后，填入水苔和中层土，制作"堤坝"。

2
假设这是用砖堆砌的墙壁，小花束就相当于砖，水苔就相当于水泥，所以要把中间的缝隙填满。

3
水苔在重复吸水和干燥状态的同时，也能促进植物根部的生长。

制作自然型（3层台阶）作品吧

台阶式作品中大多会使用比较矮的幼苗，不过用一些个头高的幼苗，能够打造出自然且繁茂的作品。

小花束的制作方法

1

2

3

1

制作随意草和叶类植物的小花束。

2、3

制作随意草和鸡爪槭等组合的小花束，可以将个头高的植株插制在中央。

（小花束）×20

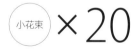

〖 使用花材 〗

鸡爪槭（ *Acer palmatum* ）、随意草（ *Physostegia virginiana* ）、洞庭蓝（ *Veronica ornata* ）、千日红（白色）、莲子草"大理石女王"、须苞石竹"绿色诡计"（ *Dianthus barbatus* 'Green Trick' ）、观赏辣椒、牛至（ *Origanum vulgare* ）、半柱花、大岛苔草（ *Carex oshimensis* ）

〖 作为中心的3种小花束 〗

把叶类植物、果类植物、个头较高的植物组合，打造出有些和风的自然风格。

1

向带把手的网木纹花器中填入椰土，直至花器的边缘。

2

将小花束依次栽种进去。照片中的操作是为了能让你看得更明白，实际上植入的位置应该朝着正面。

3、4

基本上是一边观察整体的平衡感，一边以画三角形的方式植入小花束。

5、6

要留意最下层植物的朝向，想象着是要表现出向外扩张的样子来进行种植。

这里是重点! ▶

◎ 小花束的尺寸可大可小，根据材料随机应变即可。小花束的总量即为覆盖容器整体的量，因此小花束如果尺寸较大的话那需要的数量就随之减小，反之就需要多准备几束。先用大一些的花束来填充空间，接着再添加小一些的，这样会比较有效率。

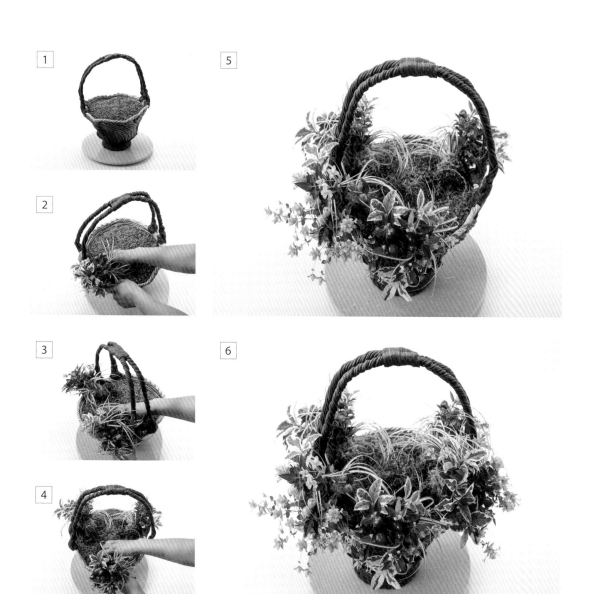

7 ～ 9
小花束是搭配花材组成的小一些的"植株"。留出细微的间隔，然后小心翼翼地沿着边缘斜着插入。

10
拿厚一些的湿润水苔，塞在小花束"植株"之间。

11 、12
在"植株"之间塞满水苔，确保小花束固定住，不会晃动。

13

14

13、14

第一层植入 12 个小花束，第二层植入 6 个小花束。用水苔搭建好"堤坝"，放入培养土（椰土）为第 2 层做好铺垫。

这里是重点！ ▶

◎ 台阶式作品是把植物砌成石墙一样的构造。小花束的土球就好比是石墙的砖，水苔起到连接这些"砖"的作用。在小花束之间填充充足的水苔，在种植好之后还能起到对植物保水的作用。随着时间的推移，水苔反复处于干燥和吸水状态也可以促进植物的生长。

水苔是一种一直以来就用于植物栽培的天然材料。它拥有优秀的吸水性、保水性、通气性。在种植完植物之后的保水、初期植物成活方面都起到了重要作用，是聚集式混栽中不可或缺的材料。水苔的用途有很多，例如，我们可以使用水苔来包裹土球被拆散的植株根部，还可以拿来填充容器中植株之间的缝隙。

[15]、[16]

在种好第一层之后，添加水苔和椰土。

[17] ～ [22]

在第二层插入 6 个小花束的过程。

[23]

在第三层中央的顶部插入作为主角的小花束，然后充分填充水苔。如果在上部插入向上生长的个头较高的植物的话，能够让作品呈现出饱满感，增强蓬松自然的印象。

[24]、[25]

种植好所有小花束之后，从侧面塞满水苔，做收尾工作。这样一方面能起到保水作用，一方面还可以提供浇水的空间。最后，像编织东西一样再调整下花叶，让叶子和花能显得更加别致。

制作半球形（5 层台阶）作品吧

在具有装饰性的大型花盆中，用三色堇（小花品种）增添或浓或淡的冷色调，制作成较高的 5 层台阶式作品。

小花束 ×30

〚 容器 〛

盆口直径约 50 厘米，高度约 25 厘米。
这是一个具有装饰性且轮廓很有趣的花盆。我们可以活用花盆的特征进行种植。一般这种尺寸的花盆用 15 个小花束，不过这个花盆边缘是凹凸不平的，所以配合凹下去的地方，将素材制作成稍微大一些的小花束。先在凹处种植好 6 个小花束之后再开始"堆砌"。

〚 3 种小花束 〛

3 种小花束全都以三色堇（小花品种）为主角，不过每种的色调会稍有不同。详见下方说明。

第 1 种

插在最下层。选择沉稳的深紫色三色堇（小花品种），搭配香雪球、雪叶菊、臭叶木，稍微加入一些千叶兰，营造出柔和的氛围。

第 2 种

选择比第 1 种颜色稍淡的三色堇（小花品种），搭配香雪球、鳞叶菊，参照第 1 种做出渐变的效果。

第 3 种

定点用的主花束（作用相当于拱桥中的拱心石）。这个小花束要最后插入。选择比第 2 种颜色更淡更明亮一些的三色堇（小花品种），搭配鳞叶菊，做出渐变效果。

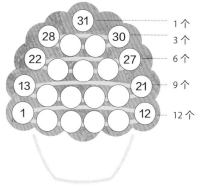

31	1 个
28 30	3 个
22 27	6 个
13 21	9 个
1 12	12 个

在打造台阶式作品时，花盆的大小和想要塑造的作品高度决定要使用的小花束数量。配置在各层的小花束数量层层递减，可以每往上一层就减 3 个小花束。假设要创作 5 层的台阶式作品，那从最下层容器边缘开始往上，每层使用的小花束数量大概就是 15、12、9、6、3、1（总计使用 46 个）。因为本范例中使用了具有装饰性轮廓的花盆，为了能够更好利用这一点，所以进行了一下调整，最下层的凹陷部分使用了 6 个比较大的小花束。

* 约 30 个小花束，正好使用了 100 盆花苗。
* 范例中的所有小花束都是提前制作好后插在花盆中的，但是土球被拆散之后，有些植物会逐渐虚弱，所以在实际进行制作的时候，最好是先处理叶类植物，花类植物在用到的时候再拆散土球并立即用水苔包裹好，然后制成小花束进行种植。

第1层

1

往花盆中填入椰土。基本上是填满至花盆边缘。一般是将花盆放在转盘上，从正面插小花束。

这里是为了展示插入的位置，所以没有转动花盆。

2

从正面种植前一页展示的第1种小花束。让银色的雪叶菊稍微露出花盆外一点儿。

因为这个花盆边缘有装饰，为了能够更好地利用这一点，所以在凹陷部分（6个地方）配置了小花束。也就是说，需要用6个小花束在外围覆盖一圈。因此，小花束的大小就做了调整，制作成大一些的花束了。如果没办法一开始就很好地制作出这种大一些的花束，可以一边种植一边在比较空的地方插制小一些的花束来补充。

3

让最下层的花束稍微倾斜，露出容器外一些。用双手充分填充椰土。和蓝紫色、银灰色这种冷色系呈对比色的臭叶木、斑叶的千叶兰能够很好地起到颜色呼应的效果。雪叶菊和矾根的圆圆大大的叶子可以成为很好的背景，来衬托那些茂密向外生长的花朵。

4

4 ~ 6

将第1层小花束稳稳种植在椰土里。种完一圈之后，在开始种植第二层之前先在小花束之间铺上厚厚的水苔。

7

在小花束间铺水苔的过程就好像是在堆砌石墙时用小石块塞住缝隙来坚固石墙一样。水苔中的水分不要挤得太干净，轻轻握一下就好。

5

6

7

制作"堤坝"

5 层台阶作品的小花束配置图。种完
第 1 层后制作"堤坝",填入椰土。

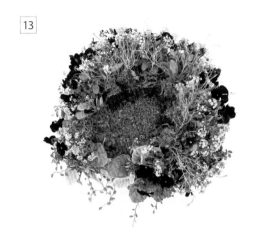

8
在小花束之间填充好水苔之后，开始为给第2层填入椰土做准备——制作"堤坝"。取一些厚厚的水苔轻轻握一下。

9
水苔撕成细条状，堆在要栽种小花束的位置的外侧。

10
"堤坝"的高度差不多要盖住第1层的植物时，就可以填入椰土了。

11
椰土填充至"堤坝"的边缘。这里看上去可能种不下12个小花束，但实际上正好能够种下。

12
这是从侧面看的样子。因为设想最后会做成比较高的作品，所以按照目前这个轮廓来制作了。如果只种3层，那么坡度需要再平缓一些。相对于容器来说，植物的量少一些会显得更时尚。

13
这是刚开始种植第2层的样子。与其说是栽种，更像是把小花束放在旁边。这里就能充分感受到"台阶式技法"和堆砌石墙是一样的。完成后的作品也能够承受住侧面带来的压力，是一种很坚固的构造。

14、15
一边放入小花束，一边调整花朵的朝向和位置。一点点移动小花束们，调整花朵和叶子，让整体看上去更加协调。这样一来，小花束们相互之间就能融为一体。

从第 2 层到第 3 层

16
第 2 层的 9 个小花束种植完成后的样子。和第 1 层一样，在小花束之间塞满水苔，固定小花束。

17
在小花束之间填满水苔固定好之后，按照 8、9 的步骤用水苔制作"堤坝"。

18
用椰土填充，直至"堤坝"的边缘。

19

这里是重点！

◎ 让作品呈现出优美的轮廓吧。

19

在这个小小的空间再接着种植第 3 层，插入 6 个小花束。

20、21

插入第 3 层的 6 个小花束。能看出小花束之间的距离变窄，整体都明显朝上。

20

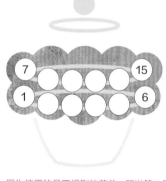

7　　　　　15

1　　　　　6

因为使用的是不规则的花盆，所以第 1 层选择用 6 个小花束来种植。原本这种大小的空间是可以用 12 个小花束的。一般情况下，第 1 层用 12 个，第 2 层用 9 个来进行种植。

21

22

从第 4 层到第 5 层

第 4 层 3 个小花束   第 5 层
作为主角的小花束
㉒ ㉓ ㉔

第 3 层 6 个小花束 …… ⑯ ㉑

第 2 层 9 个小花束 …… ⑦ ⑮

第 1 层 6 个小花束 …… ① ⑥

如果使用盆口较大的普通花盆的话，第 1
层原本应该使用 12 个小花束，不过这次使
用的是形状比较特殊的花盆，所以为了配
合花盆的 6 处凹陷，使用了 6 个小花束。

23

22

第 3 层种完之后，在各小花束之间塞上水苔进行固定，然后
制作"堤坝"。用椰土填充至"堤坝"的边缘后，用 3 个小
花束种植第 4 层。

23

和第 3 层的 6 个小花束一样，将小花束的尺寸调小一些。这
样一来，就能做出优美的弧线，减少凹凸不平。在制作小花
束的时候，根据分株后的素材大小考虑好要把它们用在哪里。
就算没办法一下子就做好，但随着制作的次数多了，就能慢
慢领会到了。

24、25

种植完第 4 层之后，终于要种植作为主角的小花束了。到用水苔制作"堤坝"这一步都是和之前一样的，不过最后在填入椰土的时候，如果填满至边缘的话会很难将小花束种植进去，所以稍微少填入一些。或者先一次多放点儿，之后再用手挖出来一些也可以。要点是作为主角的小花束的土球大小要尽可能调整到和种植坑的大小匹配。将全部小花束都栽种好之后，要记得塞满水苔确保整体稳固。

26、27

种完作为主角的小花束之后就完成了。按照最初设想的那样，打造出了茂密圆润的作品。

这里是重点！

◎ 选择个头差不多高的小花束在制作时能更容易一些，也能更好地把作品打造成半球形。

◎ 一开始就确定好作品大概要做成多高的，然后估算出需要的小花束数量。

◎ 从下往上以 15、12、9、6、3、1 这样，以递减 3 个小花束的基准来构思。

◎ 小花束的尺寸可大可小。如果全都做成较小的小花束，那么制作起来会很花时间。可以让下面的花束大一些，上面的花束小一些，边调整边制作。

◎ 因为台阶式混栽是一种和通常种植植物的概念完全不同的混栽方法，是把植物本身当作石墙或拱桥一样的结构体，让它们成长为一座"建筑"。

◎ 第 2 层以上的制作与其说是种植，不如说是在稳步地进行"堆砌"。

◎ 水苔就相当于建筑中的黏合剂和水泥，在制作时要注意从下层开始就用水苔填满缝隙，压实。

带根花束

令人期待的多样风格、可用于更多场景、耐存性高的"活着的花束"

带根花束是使用带根的植物制成的花束。制作的基础是用水彻底冲洗干净植物根部的土壤。带根花束和用切花制成的花束不同，它有良好的耐存性，可以长时间欣赏。装饰完之后，还可以将各个素材拆分，再次种回到土壤中，是包含"延续到未来"这种寓意的"活着的花束"。在婚礼和一些庆典上发挥着非常好的作用。

用切花来呈现的各种风格同样可以使用带根植物来实现，这是很重要的一点。从花束到壁饰、花串，都可以用这种方式来呈现。

在装饰的时候虽然会用到花器和花束架，不过也可以搭配自己原创的框架等。耐存性高的带根花束装饰在今后应该能给我们带来更多惊喜。

利用红瑞木"西伯利亚"（*Cornus alba* 'Sibirica'）枝制作的框架搭配带根花束。

在有些高度的框架上安置花束，这是用于舞台装饰的大型作品。

将几束花束搭配在原创台架上的装饰。

〖 使用花材 〗

花烛（*Anthurium*）、果子蔓（*Guzmania*）、山菅
（*Dianella ensifolia*）、变叶木（*Codiaeum*）、球兰
（*Hoya*）、桉树（*Eucalyptus*）、糖藤、花叶万年青
（*Dieffenbachia*）、星点木（*Dracaena surculosa* var.
surculosa）、菜豆树、喜沙木（*Eremophila*）、珍珠
相思树（*Acacia podalyriifolia*）

制作带根花束吧

利用马蹄莲和各种叶类植物制作花束

带根花束追求清洁，因此在准备阶段要先把土壤冲洗干净。在冲洗土壤的同时，仔细观察植物的特征，考虑要如何更好地将其优点发挥出来。例如，带斑的叶子就活用它的斑纹，好好整理下植物的叶子。想必大家一定能发现更多带根植物所拥有的许多不同于切花的魅力。这种新鲜的发现也是带根花束的乐趣之一。

为了制作带根花束整理了根部的植物。

虽然聚集式混栽水苔（不会腐烂的化学纤维毛线）不吸水，不过纤维之间的空隙能很好地储水。带根花束仅仅使用这种聚集式混栽水苔就能抑制植物腐烂，可以长时间欣赏。

这里是重点!

◎ 带根花束追求清洁，因此在准备阶段要先把土壤冲洗干净。在冲洗土壤的同时，仔细观察各植物的特征，有意识地把带斑的叶子作为色彩元素来活用。

【 使用花材 】

马蹄莲、花烛、球兰、斑叶的白鹤芋、草胡椒、菝葜（Smilax）

搭配花束

1

首先拿起给整个作品定下基调的白鹤芋。

2

和制作花束时一样，将花卉叠加到作为轴心的植物上。在这里，我们选择搭配粉红色的马蹄莲。

3

加入纯白叶子的白鹤芋。

4

加入草胡椒，营造柔和的氛围。

5

和制作切花花束一样，倾斜着植物的茎部添加到花束中，一边注意整体的高度，一边以螺旋状的方式组合。

6

叶子带粉色的球兰，再加上动感的藤蔓类植物菝葜，增添变化。

7

再加入一些白色的白鹤芋叶子。

8

在手掌中花束的上侧放上一些花烛，就基本完成了。接下来着手处理茎。

这里是重点！ ▷

制作带根花束时
需要特别注意的"块茎"的处理方法

马蹄莲或白鹤芋等植物的根比较粗，我们需要把根剪掉一些，只留下一点儿。这种处理是为了像切花那样能够长时间观赏。

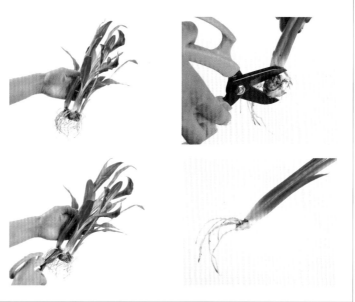

卷起茎部的方法

9
用聚集式混栽水苔从手握处的上方开始，往下卷。

10
卷到一半的时候，把下半部分的根往上折，用苔藓把茎全部卷起来。

11
卷成像冰激凌一样的圆锥形。可以先往下卷到头，然后再往上卷，最后把聚集式混栽水苔的线头穿进植物里面来收线。聚集式混栽水苔在湿润之后很容易固定的。

12
虽然花束拿着感觉有点儿粗，但是这样才能更好地维持植物良好的状态，张显植物的高度和形状等优点。

使用聚集式混栽水苔卷住茎部后就完成了。

带根花束的装饰方法和管理

带根花束既可以放在花瓶中，也可以装饰在专门的花束花架上。带根花束虽然拥有比切花更加耐存的优点，不过需要注意，装饰时如果根部一直浸泡在水中会腐烂。可以只在夜晚把根部浸泡在水中，到了白天就靠聚集式混栽水苔的水分来维持。带根花束还可以直接进行栽种，所以在玻璃容器中放入一些椰土也是可以的。这样就成为一盆干干净净的室内盆栽了。装饰完之后还可以拆散，留下状态好的植株进行移植。

和风带根花束

婚礼中使用的和风带根花束。

〖 使用花材 〗

仙客来（白色）、石竹、莲子草、
亚洲络石"初雪"、紫露草
（摄影／白久雄一）

带根花束的可能性

自由风格和花串

制作 A 和 B 两种花束。可以分别拿来使用，也可以把它们搭配在一起制作成月牙形花束。

这里是重点！

◎ 可以称为"带根切花"的全新视点。

◎ 拥有根据花材、骨架、结构创作出全
　新设计的更多可能性。

◎ 使用可以同时实现保水、捆束的聚集
　式混栽水苔。

因为聚集式混栽水苔是一种化学纤维毛线，所
以它本身并不会吸收水分，而是把水分储存在
纤维之间的空隙中。这种水苔具备为植物的保
水和捆束两种功能。一边卷住植物的根部，一
边将各个植物捆束在一起，慢慢地就创作出像
使用切花制成的"花串"般的风格设计。带根
花束不用像制作鲜花花束那样必须用到铁丝捆
绑以及保水处理等程序。在这里，我们把那个
花串做成了瀑布风格的花束。再把两组搭配在
一起，打造出月牙形花束。

101

卷住茎部

最后卷住的部分。用颜色不同的聚集式混栽水苔进行装饰。

花串的制作方法

1

2

3

4

5

6

1~4
将舞春花的盆栽尽可能分成小份，使用聚集式混栽水苔像捆绑切花那样仔细地卷住。

5、6
一边观察花朵的朝向和高度，一边添加花材，像这样逐渐卷成长长的一束。

重瓣舞春花 "婴儿粉（Baby Pink）"、三
色堇（小花品种）、香雪球、豌豆、翠云
草（*Selaginella uncinata*）、草莓

因为花串可以自由地弯曲，所以既
可以放在桌面上，也可以安置在框
架上，有很多可以装饰的方式。

壁挂花篮

装饰性壁挂型

壁挂花篮，顾名思义，可以挂在墙壁上来欣赏的花篮。使用聚集式混栽手法制作的壁挂花篮拥有独特的"圆鼓鼓"形状，引人注目。

虽然乍看上去很难，但因为是使用一个一个的小花束制作的，所以实际上按部就班地进行就可以了。等熟练之后，就能以很快的速度制作了。这种尺寸的作品需要大约 50 盆幼苗，或许这个数量要比大家想象的多很多。也正是因此，才能打造出精致又细腻的作品。

容器使用的是网木纹壁挂花篮花器（5 缝的标准型，请见第 110 页）。使用朴素的花材，塑造表面平滑圆润的作品，让人在远处就能被它吸引，靠近后还能欣赏到它细腻的表现。外侧整体围上一圈雪叶菊，营造出外框的效果。右图是从侧面看的样子。壁挂花篮是"一方见（只能从一面欣赏）"的类型，所以背面不需要植入植物。栽种完之后，把所有植株归整到前方，上部塞满水苔。保水的同时也可以作为浇水的地方。

〖 使用花材 〗

大象三色堇（花开后形似象头）、雪叶菊、灌木迷南香、鳞叶菊

【 使用花材 】

羽衣甘蓝、暗叶铁筷子、常春藤、雪叶菊、新西兰槐"小孩"（ *Sophora prostrata* 'Little Baby'）、香雪球、百里香、林地福禄考（ *Phlox divaricata* ）、三色堇（大花品种）

15 个小花束壁挂花篮的制作方法

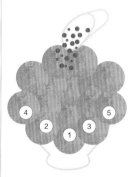

在缝隙的最下层栽种①~⑤
个小花束，之后填入土。

中层的前方部分。

中层栽种完之后。

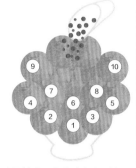

中层的⑥~⑩栽种完之后填
入土。

上层从最后面开始种植，
塑造出轮廓。

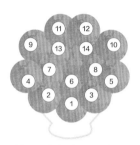

后方正面左右种入⑬、⑭。

在种入⑮之前先填入土。为
了能确保稳定，填入的土量
要少一些。

壁挂花篮的上层正面是放置
主要花束的地方，种植完⑮
之后就完成了。

聚集式混栽是由各小花束单元组成的。因为
考虑的是用小花束来覆盖整个容器，所以能
像上图那样很容易就明确植入的位置和顺
序。要点是很快根据小花束的尺寸决定出
正好用 15 个小花束来制作，这样既能提高
效率，制作起来心情也能很愉悦。多多尝试
制作，培养出尺寸感。在所有小花束里都放
入一些同样的花材，这样能体现出花篮的统
一感。不要将个性较强的花朵作为作品的焦
点，而是利用整体圆鼓鼓的造型来表现作品，
这是基本的创作思路。像花环和壁挂花篮这
种挂在墙上的类型很容易干燥，在浇水的时
候要注意全部都浇上水，不要断水。

制作壁挂花篮吧

圆圆的粉紫色花篮

〖 使用花材 〗

三色堇大花品种和小花品种、香
雪球、臭叶木、千叶兰"聚光灯"

使用 15 个小花束进行制作。
大概需要 40~50 盆植物。

正面中央上部的主要小花束。放在最后
栽种。

上方的 5 个小花束。

种在下层到外围的 9 个小花束。

本花篮使用的 3 种小花束。作为主角的花朵搭配 2、3 种叶类植物，细致地组
合在一起。这里是将所有小花束都提前制作好了，其实可以一边制作小花束一
边进行种植。因为从盆中取出的时间太久的话，有些花会容易枯萎，所以，可
以先把叶类植物进行梳根，尽量在栽种前再和花卉搭配在一起（提前制作好小
花束时所需的整体制作时间会更短一些）。

作为主角的小花束放在最后种植。
土球的大小要结合栽种空间来调
整，这样在栽种时能刚刚好放入，
整体也能更加稳固。

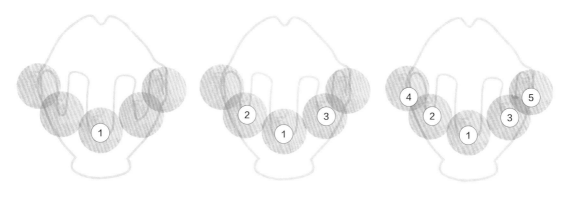

从 5 缝的壁挂花篮花器的下层种植 ①~⑤ 的小花束。

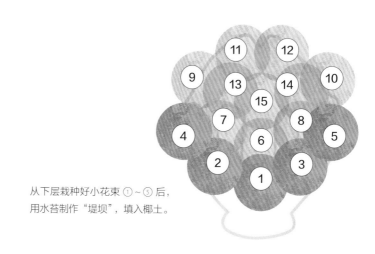

从下层栽种好小花束 ①~⑤ 后，
用水苔制作"堤坝"，填入椰土。

9

1
首先在容器中添加椰土至下层的边缘。

2
从中间的缝隙开始插入小花束。

3~6
因为要制作出从侧面看圆鼓鼓的花篮，
所以花和叶子的朝向调整成垂下的样子。
左右两侧的缝隙中也植入小花束。

7、8
添加椰土，在两侧最外的缝隙中也植入
小花束。

9
这是下层种植了 5 个小花束的样子。之
后再在中层种植 5 个，上层种植 4 个（或
者 3 个），正面的顶部种植 1 个。

10、11
下层和外围按照圆形种植完之后，铺上水苔填入椰土制作"堤
坝"，在植株根部和小花束之间塞满水苔。用手掌轻轻地握
一下充满水的水苔，整理成棒状。

12、13
配合用水苔制作的"堤坝"，填满椰土直至边缘。在这里以"堆
积的感觉"植入下一个小花束。

14
准备植入第 109 页介绍的众多小花束。

15、16
种植中层。

17
从侧面看的样子。

18、19
为了在上层两侧插入小花束，和 10 一样，在小花束之间以及植株根部铺好水苔，制作"堤坝"，确保椰土不会溢出来。

20

21

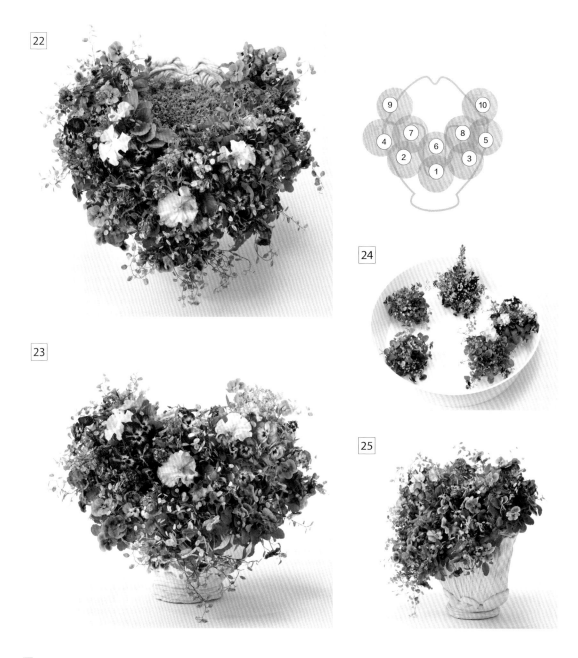

20
用水苔制作坚固的"堤坝"，在花束之间、上部塑造成弧形。

24
填满椰土。

22 、23
前页的照片是从作品的正面上方拍摄的，与之对比，能看出是一边调整花朵的朝向和高度，一边植入
一个个小花束的。

24 、25
还剩下 5 个小花束。最开始你或许会担心这个分量没办法种植到这么小的空间里，不过其实刚刚好。

26 ～ 29

植入最后 5 个小花束。在上层的最后面植入 2 个小花束。27 中 ⑬、⑭是种植之后的样子。确定好圆形轮廓。之后就只剩下植入 ⑮ 了。在此之前，用水苔充分填满缝隙，填入椰土。在植入 ⑮ 小花束之后，最后的空间尽可能不要填入椰土。在29中可明显看出上部正面植入了 ⑬、⑭ 这两个小花束，围成圆形之后，留出的最后种植主要小花束的部分。

30

30
在正面上部种植最后的小花束 ⑮ 。

31

为了确保最后能顺利将小花束 ⑮（发挥着类似拱桥构造的"拱心石"作用的小花束）植入到顶部，要稍微挖出来一些填入的椰土。小花束的土球部分和凹陷位置的尺寸如果正好匹配的话，作品的结构能够更稳定。种植好顶部小花束后，用水苔填充好缝隙就基本完成了。水苔塞在小花束之间能够固定小花束。从侧面确认作品的外轮廓是不是呈圆形，进行调整。再检查下是否有摇晃不稳定的地方，必要的话再用些水苔填充缝隙。

31

32
最后的小花束种好之后，双手从正面绕
到后侧，把种在侧面的小花束全都调整
成朝前的样子。这样作品的整体形态能
更加紧凑，结构也能更加稳固。让作品
从正面看也是圆鼓鼓的样子。

33、34
完成的壁挂花篮的最后侧上部也要填
入厚厚的水苔。在保水的同时，也可
以作为浇水的位置，让作品整体朝前，
固定住植株。给作品浇足水。

这里是重点！

壁挂花篮可以当作是利用花篮结构打造的台阶式混栽（像石墙一样拥有砌体结构的力学手法）。与其说是种植，更接近用小花束来堆砌的感觉。用水苔贴合各个部件。

壁挂花篮是挂在墙上的，也可以装饰在台架上。

管理和维护

为了"美丽"长存

1 | 装饰的场所

一般来说，最好不要让花类植物被雨淋。要想培育健康的植物，一般需要保证光、水、温度这三样都充足，但是室外也会有环境变化过大的时候。比较理想的是放置在不会淋雨且光照充足的室外。

比起在远处观赏聚集式混栽作品，我更希望人们能凑近去欣赏它们的细节。玄关周围有屋檐的地方，墙壁这种沿着生活轨迹的地方，无法用切花装饰的场所，或者是咖啡馆或餐厅的入口，商场、采光好且有室内中庭的高层，酒店这种商业空间，公共空间等，今后，还有很多应该展示的场所在等待着这些作品。比起把箱式花盆或盆栽直接放在地面上，放在视线较高的位置更具欣赏价值。巧妙使用花台、花架等，打造出更有立体感的作品吧。

2 | 浇水

让植物在花盆里生根，长出细细的根须可以吸收水分和养分。根须在缺少水分时，会为了吸收水分而生长。考虑到植物的这种特性，浇水要有张有弛，浇透之后，等干了再浇，这点很重要。

3 | 肥料

使用优质幼苗是首要条件。优质的幼苗使用的是适合植物的优质土。这种土中施有基肥，这是为了让人能从一开始就能种好。如果想装饰1个月，那么就不需要在种植土中施肥。植物可以通过光照，自己制造能量。聚集式混栽是抑制植物生长的园艺。设计的形式、外观不会随时间改变，植物之间相互影响，

慢慢一圈一圈长大。必要的时候，可以在浇水的同时用一些能够让花开得更好的液肥。液肥生效快，温度低的时候也能很好发挥效果。长期开花的植物可以用一些复合肥料作为基肥混在土中。

4 | 摘掉枯萎的花

花朵凋谢后，要定期摘掉，不要留着，不然会影响整体的美观，而且还会结种，影响接下来的花朵开放，还有可能发霉腐烂让植物生病。要使用干净的剪刀小心地剪掉。

5 | 修剪茎部

虽然基本上没有什么机会修剪茎部，不过从秋天跨越到春天的植株可能会因为天气变暖，长大并变得茂密，所以要在湿度变高的梅雨季之前，果断地修剪。这样一来，秋海棠和长春花等植物就能在夏季再开出健康的花朵。在修剪作品的时候也可以适时地修剪茎部。

6 | 重制

因为聚集式混栽是用小花束构成的，所以可以随时更换。可以只更换一年生的花类植物，叶类植物可以继续使用。经过3个月后，植物的根会长到容器的底部，把植物从盆中取出的话，可以看到所有植物的根长在一起。这种情况下，可以使用剪刀等分开根部，把能继续用的和需要废弃的整理好，重新进行种植。能够长高的花材是非常贵重的素材。

7 │ 季节性注意事项

从春天到秋天，从秋天到春天，植物的生长有很大的差异。天气暖和的时期，植物生长得会很快。气温较低的时期，植物的生长会比较缓慢，植株种植得紧凑一些，营造出茂密的感觉，打造成华丽的作品，这样也不会有太多问题，可以长时间观赏。

夏天要考虑防暑措施，冬天要考虑防寒措施。在夏天制作小花束的时候，尽可能多摘掉一些下面的叶子，确保通气性良好。避免强烈的阳光直射，装饰在明亮的背阴处。冬天时要放置在吹不到寒风的地方，也要避免被霜雪覆盖，防止培养土被冻住。培养土选择用椰土的话，能提高耐暑性、耐寒性，可以一年四季全年无休欣赏到美丽的作品。

8 │ 花环、带根花束

因为花环是在花环篮上铺上布等东西之后，再填入土的。所以水分很容易从花环篮下部（底）开始蒸发。每天早上观察作品的情况，在还没有太干时充分浇水。浇水时使用作业用的大型深托盘装满水，把花环放在里面浸泡一会儿。如果是带根花束和装饰在盆底没有洞的容器中的植物，那要注意浇水的时间间隔（参照右上内容），这是聚集式混栽中很重要的一环。

9 │ 给容器上漆

基本上不会使用像是土陶那种茶色的素烧容器。虽然大地色给人沉稳的感觉，但是和很多花卉的颜色都不搭。容器也是作品设计的要素之一，需要考虑它的颜色。如果市面上出售的容器中没有自己满意的颜色，可以自己上漆（参阅第 29 页）。根据容器的材料，有些容器在内侧上漆也能增加耐用性。

10 │ 椰土

椰土对植物来说是一种拥有多种优秀性能的材料。椰土在吸收水分后会膨胀，干燥后会收缩。因为原料的来源是椰子壳，所以可以长时间不腐烂，这是原料本身富含的单宁的作用结果。只不过这也是形成碱液（灰水）的原因，所以在理解透彻之后再活用椰土吧（参阅第 34 页）。

在底部没有洞的容器中，用椰土种植植物的情况下，充分浇水之后，把作品翻过来控一次水（小花束是被固定住的，所以不会掉落）。之后就只在觉得已经很干的时候再浇水，要张弛有度。带根花束也是一样，如果长时间浸在水中的话会容易腐烂，所以要确保装饰时有充足时间是不浸在水里的。

日本北部等地区比较寒冷，听说在把培养土换成椰土之后，作品就很少被冻了。这样一来，也可以在寒冷的时期在室内的明亮场所欣赏聚集式混栽作品了。

这两张照片中是同一个作品。下面的照片是在上面作品重制后经过了半年的样子。聚集式混栽可以通过重制重新欣赏它们自然的变化。

Chapter

第 **5** 章

多彩的聚集式混栽作品

【 使用花材 】

薰衣草叶熊耳菊（*Arctotis stoechadifolia*）、金鱼草
"青铜龙"、矾根（*Heuchera*）、榄叶菊（*Olearia
axillaris*）、百脉根、延命草（*Plectranthus*）、常春藤

〖 使用花材 〗

马蹄莲、巧克力波斯菊（ *Cosmos atrosanguineus* ）、倒挂金钟（ *Fuchsia* ）、木茼蒿"夏日之歌玫瑰"（ *Summer Song Rose* ）、玉星蝇子草"星梦"（ *Silene alpestris* 'Starry Dreams' ）、茅莓"阳光传播者"（ *Rubus parvifolius* 'Sunshine Spreader' ）、斑叶的多花素馨、克里特百脉根（ *Lotus creticus* ）、大叶醉鱼草（ *Buddleja davidii* ）、鳞叶菊、忍冬（ *Lonicera* ）、珍珠菜属的临时救"波斯巧克力"（ *Lysimachia congestiflora* 'Persian Chocolate' ）、常春藤、斑叶的蝴蝶花

〖 使用花材 〗

匙叶秋叶果、莲子草"浅紫"、金钟喜沙木（ *Eremophila glabra* ）、榄叶菊、天山蜡菊（ *Helichrysum thianschanicum* ）、灌木迷南香、筋骨草（ *Ajuga* ）

花苗和切花组合的作品。每株花苗都做好了保水工作。

〖 使用花材 〗

切花使用的是花烛、天蓝尖瓣木（*Tweedia caerulea*）、康乃馨、金丝桃（*Hypericum*）。盆苗用的是迷你绿萝（青柠色）、洋常春藤"达帕塔"（*Hedera helix* 'Dealbata'）、蝴蝶花、芒、凤尾蕨（*Pteris*）、草胡椒、草珊瑚（*Sarcandra glabra*）、吊兰、网纹草、苹果桉（*Eucalyptus gunnii*）

〖 使用花材 〗

斑叶的美洲茶（*Ceanothus*）、大戟属的白雪木、法兰绒花、微型月季、矮牵牛"迷你牛仔布（Mini Denim）"、珍珠菜"流星"、六倍利"夏子"、重瓣雪朵花（*Sutera*）、翠雀（*Delphinium*）、芒、黄芩"蓝焰（Blue Fire）"、山矢车菊"紫心"（*Centaurea montana* 'Purple Heart'）、榄叶菊

【 使用花材 】

大丽花"拉布拉·皮科罗（Labella Piccolo）"、
重瓣矮牵牛"冰粉（Ice Pink）"、倒挂金钟"温
奇梅系列（Windchime）"、拉奈系列马鞭草
"古典玫瑰（Vintage Rose）"、金鱼草"斯内
普龙（Snapdragon）"、龙面花"柔美粉天鹅
（Mellow Pink Swan）"、绿苋草"天使赛车（Angel
Race）"、矾根"糖霜（Sugar Frosting）"、牛至
（*Origanum rotundifolium*）、星芹"乐观"（*Astrantia
major* 'Rosea'）、木薄荷（*Prostanthera*）、矮牵
牛天竺葵、鳞叶菊、芒

【 使用花材 】

龙面花、矮牵牛"蓝眼睛（Blue
Eyes）"、铜色叶片的金鱼草、翠
雀、麦秆菊（*Helichrysum*）、斑
叶的新风轮、榄叶菊、大岛苔草

迷迭香、重瓣矮牵牛"蓝冰（Blue Ice）"和"银（Silver）"、马鞭草"薰衣草之星（Lavender star）"、观赏辣椒"紫色闪光（Purple Flash）"和"卡利科（Calico）"、银瀑马蹄金（*Dichondra argentea* 'Silver Falls'）、大戟属的白雪木、银叶香茶草"银冠"

绣球花育种者协会（HBA⊖）培育的绣球花"粉色感觉（Pink Sensation）""热情红（Hot Red）""白色喜悦（White Delight）""飞盘（Frisbee）"，紫露草"紫色优雅（Purple Elegance）""银色优雅（Silver Elegance）""白色宝石（White Jewel）"，白绢草（*tradescantia sillamontana*）

⊖ 英文全称 Hydrangea Breeders Association。

〖 使用花材 〗

"多肉球形花篮"是使用多
肉植物打造的"球体"，用
到了聚集式混栽水苔，选择
个头比较高的多肉植物。

〖 使用花材 〗

瓜叶菊（*Pericallis hybrida*）、木茼蒿、暗叶铁筷子、三
色堇（小花品种）、香雪球、屈曲花、百里香、亮叶忍
冬（*Lonicera ligustrina* var. *yunnanensis*）、须苞石竹"烟
熏黑（Sooty）"、菊蒿（*Tanacetum ptarmiciflorum*）、
苔草、多花素馨

【 使用花材 】

红果的涩石楠（*Aronia*）、斑叶的紫金牛（*Ardisia japonica*）、地锦"芬威公园"（*Parthenocissus tricuspidata* 'Fenway Park'）、迷迭香、倭竹（*Shibataea kumasaca*）、大岛苔草、苔草、筋骨草、珍珠菜（*Lysimachia atropurpurea*）、扁葶沿阶草（*Ophiopogon planiscapus*）、玉山悬钩子（*Rubus calycinoides*）

〖 使用花材 〗

蓝花鼠尾草（*Salvia farinacea*）、大戟属的白雪木、矮牵牛，马鞭草"芭菲（Parfait）"（蓝色、白色）、香雪球"冷淡骑士（Frosty Knight）"

〖 使用花材 〗

微型月季"绿冰（Green Ice）"、黑叶辣椒"康加鼓（Conga）"、大戟"钻石星（Diamond Star）"、珍珠菜、粉花绣线菊（*Spiraea japonica*）、矮牵牛"万岁（Viva）""梦幻苹果花（Dreams Appleblossom）"

【 使用花材 】

斑叶的白鹤芋、果子蔓、
绿萝、芒、常春藤、网纹草、
球兰、草胡椒

【 使用花材 】

多肉植物球芽铁兰（*Tillandsia bulbosa*）、青蛙藤（*Dischidia vidalii*）等

【 使用花材 】

多肉植物松萝凤梨（*Tillandsia usneoides*）等

〖 使用花材 〗

斑叶的异叶蛇葡萄（*Ampelopsis glandulosa* var. *heterophylla*）、长春花"白雪公主"、长春花"秘密（Himiko）"、萼距花（*Cuphea*）、舞春花、苔草、五叶地锦（*Parthenocissus quinquefolia*）、百脉根"棉花糖"

【 使用花材 】

矮牵牛"花衣黑珍珠"、鼠尾草"神秘尖顶蓝（Mystic Spires Blue）"、假泽兰（*Mikania dentata*）、小头蓼"银龙"（*Polygonum microcephalum* 'Silver Dragon'）、马丁大戟"黑鸟"（*Euphorbia martinii* 'Blackbird'）、斑叶的雪朵花"天使之环（Angel Ring）"、香雪球、矶根、大岛苔草、多花素馨、臭叶木

【 使用花材 】
匙叶秋叶果、山桃草（*Gaura lindheimeri*）、
荇草、花烛、波叶天竺葵、金水龙骨
（*Phlebodium*）、菱秆菊、冷水花（*Pilea*）、
锦竹草（*Callisia*）

【 使用花材 】

法兰绒花、延命草、鹅河菊（Brachyscome）、假
匹菊（Rhodanthemum）、舞春花、钟南香（Correa
baeuerlenii）、榄叶菊

【 使用花材 】

龙面花、矮牵牛"蓝眼睛（Blue Eyes）"、
铜色叶片的金鱼草、翠雀、麦秆菊、斑叶的
新风轮、榄叶菊、大岛苔草

植物索引

后 记

2015 年 10 月，在日本的幕张展览馆⊖举办了国际花卉展览会，这是以花卉专家为对象的贸易展览会。在展会上，我们编排了独特的表演，和众多徒弟一起登上了舞台。场内有 400 个座位，满座后还有很多站在后面围观的观众。现场有大提琴的演奏，还有模拟的结婚仪式，据说这些演出让现场的观众觉得大饱眼福。在第二年的这个国际展览会上，我们在生产椰土的 fujick 公司展位上举行了名为"示范表演马拉松"的活动。在展会举办的三天里，从早上开场直到展会结束，一直都会有人在现场创作作品，展示给到场的客人观看。以前也曾在展会等举行过这样的活动，虽然准备上花了一番工夫，不过没有让到场的人们失望，大家都觉得很开心。这次的现场表演是三人一组，在活动日之前，大家都事先聚在一起讨论过要说些什么、如何展示，并付诸实践，提前进行演练。因为展会有三天，所以我们总共动员了十几人。最后不管是到现场观看的人，还是为我们提供展位的 fujick 公司，都觉得十分满意。我认为这也成了一个给参加活动的徒弟们发觉自己新的才能、获得更多自信的好机会。

聚集式混栽这种方法，从将植物的土球取出、抖落土壤开始，就展现出了它的看点，直到打造出小小的可爱花束，都会有许多人驻足观看，看来这些作业的确是充满了乐趣。大家一开始会在想"咦，这是要干什么"，然后就产生了兴趣，进而被吸引。接着，小花束就被麻利地种到大大的容器里，渐渐呈现出作品的形态。当作品完成后，大家都会鼓掌欢呼。这是一个观众和表演者其乐融融的舞台。当把幼苗从土壤中取出，制作成一个个小花束之后，接下来的作业就可以在十分干净的状态下推进了，所以在新潟县举办的一场花卉活动上，有一个徒弟就穿着和服来制作作品，听说会场都为之沸腾了。

我们的活动总是会吸引许多人围观。不过，放眼现在的整个日本园艺界，顾客是在减少的。我时常会听到有人感慨"花卉销售情况不如预期好""找不到什么能引起话题的花"。我对此感到十分遗憾和惋惜。明明知道按照以往的方式没办法顺利推进，却不寻找解决的方法，看上去只是在虚度光阴而已。

我在月刊杂志《花艺师》（诚文堂新光社）上以《植物·混栽》为题写连载文章，至今差不多 3 年了。每个月我会介绍两个作品——全都是我徒弟的作品，拍照时徒弟也会一起入镜。这些徒弟基本上都是开始接触混栽不到一年的人。我想要表达的是，短期学习也可以打造出这么棒的作品。我徒弟里不仅仅有经营花店的人，还有花卉生产者。我之所以会强烈建议生产者着手混栽工作，是希望这可以成为他们销售自己培育的幼苗的"武器"。同时，这也可以让他们站在使用者的角度，亲自验证自己培育的幼苗的品质。连载文章中不刊登我自己的作品也是出于这些原因。我希望徒弟们能多学一些东西，也希望他们能了解到，虽然杂志中仅仅只有 2 页，但那汇集了摄影师、编辑、设计师等众多人的心血。

我在聚集式混栽的讲座中也经常提到，希望花店经营者和园艺师能够多了解生产者，也希望生产者能多了解花店经营者和未来的客户。正是因为有双方的存在，这些工作才能成立。正如聚集式混栽的英文"gathering"这个词中包含着"聚会"——这种人与人相聚的意思一样，我希望能从人与人之间的联系中诞生出新的、美丽的、丰富的事物。如果日本的园艺停滞不前了，那我认为这是我们园艺指导者的责任，这是每天和花卉绿植相处的专业人士的责任。如果园艺指导者无法引导新的道路和希望，那只能把接力棒交接给后来人，静静地退场。

这两三年真的有很多人想要把聚集式混栽当成自己的专业，来拜师学艺。其中有很多长期从事切花装饰工作的人，他们都称能从聚集式混栽中找到切花无法带来的新鲜感。这让他们意识到自己

⊖ 英文名称为 Makuhari Messe，是位于日本千叶县千叶市的大型会议展览中心，"幕张"是当地的地名。

要学的东西还有很多。这是为什么呢？我觉得，很大原因是接触了大量带根植物，才让他们有了这种感觉。

就算是小小的花草，活着的植物总能让人感觉到有着不同于切花的力量。大量接触潮湿土壤、纤细根须而来的经验，能够唤起在日常生活中所得不到的新鲜感觉。同时，也有一种说不清道不明的、令人怀念的少年时代的幸福，那是一种温暖的感觉。不仅仅是花店经营者和园艺师，对任何人来说，接触土壤和植物根部都能成为非日常的快乐经历，我是这么认为的。我近5年之所以会以专业人士为中心对象进行指导，是希望日本国内能够增加更多可体验聚集式混栽的场所，以及能有更多有责任心来教授技术的人。如果附近就有可以处理梳理土球后的废土、能够进行作业的地方（工作室等），那会有很多人都想要尝试聚集式混栽的吧。园艺是一种拥有漫长历史的人类活动，当回顾它的历史时，我就会想：聚集式混栽这种方法，或许是某颗种子的"空地""空白"。园艺原本只是"栽培和利用"单株的植物，渐渐地，分出了各个专业领域——使用切花的领域和使用盆栽的领域。相关的店铺也有专业划分，伴随着日本经济成长，需求扩大，虽然流通的商品有所增加，但是却没有人踏入过这片"空地""空白"，而这里，生长出了一种全新的使用植物的方式——"像插花那样使用带根植物"。这并不是为了装饰建筑和空间，而是为了体现出人情味。或许是我觉得没办法让这片领域继续空白下去吧，所以总认为聚集式混栽就是为了填补空白的技术。也就是说，这是一种淡化了切花装饰和盆栽装饰界线的方法。

在这近10年里，切花无法满足消费者所追求的"耐存性"，这是切花领域所面临的障碍。而盆栽直面的问题是"就算做出了好东西，也卖不出高价钱"。使用匠心和经验丰富的技术制作的盆栽礼物也趋于低价化，就算出售新品种和拥有稀有价值的东西，也会被消费循环的速度所追赶，逐渐成为消耗品，只剩下生产和流通所带来的成本在不断提升。在聚集式混栽里，并没有把盆栽类作品当成完成品，而是作为装饰和体现作品的素材来大量使用，我们不追求稀有物，而是从市面上大量流通的植物中选择品质好的幼苗来使用。这不是作为礼物送人的精心制作的小盆栽，也不是用在造园和公共空间的花坛的素材，而是为了能让每个家庭都能感到愉悦的东西。聚集式混栽或许仅仅是巨大的整体的一部分，我想要看看它今后会给世界带来怎样的变化。

我觉得我们需要改变一下针对园艺的思考方式。"为园艺花钱太浪费了""用些小窍门利用废弃物来简单地赏花""植物就是要一棵一棵地种""别人没有的稀有物才有价值"，如果生产者听到这些话，还会对未来抱有什么梦想呢？我希望大家能这样想："就多用些现有的东西吧"。希望大家能够对真正美丽且有价值的东西、想要的东西、赏玩花卉和绿植这样的事说出"就算花钱我也想要试试"。这样才能让更多专业人士一起推动园艺事业。

现在有越来越多的人开始掌握聚集式混栽这种技法，我想最终所有园艺师的综合实力水平高低会成为人们对我们的评价。技术和风格就是这样的东西，所以我也总是会尝试寻找新的想法。目前聚集式混栽还是作为一种混栽方式被人们所认知，今后会发展成什么样我也不知道。我希望能"在这个切花装饰和盆栽装饰的边界线上种植花朵"，吸引更多的人。带根的植物在人的手中搭配组合，可呈现出多彩的姿态。我希望能够更多地培养出有强烈欲望、想要用自己的双手让原本就美丽的植物变得更加美丽的徒弟。

青木英郎

作品监督：

青木英郎

作品制作 / 摄影协助：

青山茂美	仓田真寿	富久田三千代	水谷纯子
秋田茂良	郡司枝美	丰田江利	水野百合果
浅冈宏明	古池纪美子	丰田恭子	峰山美保子
浅沼利惠子	小泉徹	中岛孝司	见元富子
浅野代穗子	古贺健介	中村雅	树宫崎良
安间秀仁	小塚今日子	中村华子	宫下由美
后藤隆之	小林左知子	中西元春	宫村薰
池田真由美	小森妙华	中村吉子	村上太一
石川纯子	境明美	中村奈奈子	森惠美子
矶边弥寿子	阪上登贵	难波良宪	森田澄子
井田义彰	阪上萌	西口晶代	森田真树
一圆祥子	坂上久美子	野口和也	诸山典子
伊藤田鹤子	佐佐木贵由树	野田智子	八岛俊征
稻毛隆行	笹间满寿美	长谷川霞	柳泽雅美
今关真理	佐藤优子	长谷川大辅	山上明美
今村初惠	佐藤幸子	畑山律子	山内千代子
井村寿美代	佐藤翔平	八田雅子	山口美智子
内山辉亮	座间绚乃	滨野靖子	山口阳子
宇津智香	座间节代	早川敏子	山本千鹤
瓜生梓	四方美希	原伸年	山元泰治
植林健一	柴田静江	原千秋	山地加奈子
植林万里子	柴田育美	坂内文子	横井千佳
大谷美纱	杉原知子	樋口美奈子	吉田完深
太田惠	杉原涉	日根野纪美子	吉田朱里
大塚芳子	铃木克彦	平川祥子	吉村纯子
大塚小秩子	铃木千绘	福田佳子	吉本衣里
大贯茂子	铃木达也	福岛惠美	吉村雅代
大场育	铃木那穗子	藤卷悦子	渡边美枝
大桥理绘	铃木嘉美	藤田善敬	渡会卓也
大渊郁子	铃木美贺	舟田一与	
小笠原美代子	关根久惠	堀内孝惠	关西园艺教室的诸位
冈田成人	关根由美	堀内伸浩	关东园艺教室的诸位
小川贤治	关野阿津子	堀江圣子	西尾园艺教室的诸位
小川由惠	濑户口佳子	本间史朗	
越阪部裕司	濑沼泉	前田美香	京都生花株式会社
表寿子	高桥良子	牧野博美	鸿巢花木株式会社
尾关纯子	高桥瞳	益子裕	
柿原幸子	高樱朋美	松永恒青	辻川园艺
家久来圣子	泷口利佳	松英树	花・蔬菜苗生产直营店苗菜
计盛智美	竹上阳子	松真纪	庭院和花 hananbo
片芝真奈美	建部幸枝	松本知子	藤田植物园（童仙房苗圃＆庭院）
嘉野左代子	建部磨步	松本弘美	LE・PLANTER 花店
河合久美子	田中志幸	松下纯子	稻富花店
川井孝幸	谷村香苗	松村宏美	fujick 株式会社
川井由纪	田中正之	松村幸子	三好集团株式会社
川野茜	辻川穗高	松村奈奈	
久保哲也	寺田直美	水野智子	白久雄一（摄影协助）

YOSEUE GATHERING METHOD

©HIDEO AOKI 2017

摄　　影　德田悟，佐佐木智幸

插　　画　座间绚乃

设　　计　林慎一郎（及川真咲设计事务所）

编　　辑　松山诚

Originally published in Japan in 2017 by Seibundo Shinkosha Publishing Co., Ltd. Chinese（Simplified Character only）translation rights arranged with Seibundo Shinkosha Publishing Co., Ltd. through TOHAN CORPORATION, TOKYO.

北京市版权局著作权合同登记 图字：01-2019-1795 号。

图书在版编目（CIP）数据

青木式混栽入门私享课 /（日）青木英郎著；韩彦青译.
— 北京：机械工业出版社，2020.1
（爱上组合盆栽）
ISBN 978-7-111-64441-5

Ⅰ.①青… Ⅱ.①青… ②韩… Ⅲ.①观赏园艺
Ⅳ.①S68

中国版本图书馆CIP数据核字（2019）第291536号

机械工业出版社（北京市百万庄大街22号　邮政编码100037）
策划编辑：于翠翠　　责任编辑：于翠翠
责任校对：梁　倩　　责任印制：李　昂
北京瑞禾彩色印刷有限公司印刷

2020年4月第1版第1次印刷
187mm×260mm・9印张・2插页・199千字
标准书号：ISBN 978-7-111-64441-5
定价：59.80元

电话服务　　　　　　　　网络服务
客服电话：010-88361066　机 工 官 网：www.cmpbook.com
　　　　　010-88379833　机 工 官 博：weibo.com/cmp1952
　　　　　010-68326294　金 书 网：www.golden-book.com
封底无防伪标均为盗版　　机工教育服务网：www.cmpedu.com